JN098887

気象予報士試験

試験

サクラサク * 勉強法

中島俊夫
Toshio Nakajima
［編著］

中央経済社

はじめに

　「気象予報士試験は難しい」と多くの人が思っています。「なりたい」と言ったら，「難しいからやめたほうがいい」，「文系では合格できない」と返されたという話もよく聞きます。

　しかし，「やめたほうがいい」とアドバイスする人はおそらく受験したわけではなく，勝手な思い込みで発言している可能性もあります。それを真に受けて，夢を諦めてしまってよいのでしょうか。

　本書は，気象予報士の資格と試験制度，そして攻略法について，第一線の先生方にご執筆いただきました。

　また，10名に合格体験記をお願いしました。高校時代から気象予報士を目指して努力されたり，50代半ばで1年で合格されたり，合格までの経緯も合格後の資格活用の方法もさまざまです。共通しているのは「空が好き」ということ。どのように工夫して難解な気象用語を暗記したか，計算にどうやって慣れたかなどを具体的に執筆いただきました。これから受験される方，特に受験を迷われている方にはぜひとも読んでいただきたいです。有益な情報が詰まっていると思います。

　本書が，「空が好き」という皆さまが夢を実現するきっかけになることがあれば，望外のよろこびです。

　一緒に気象の世界を楽しみましょう！

2021年7月
著者を代表して

中島　俊夫

i

もくじ

【キャラ紹介】　博士と学君が気象の世界をご案内します。

博士

学君

第 **1** 章

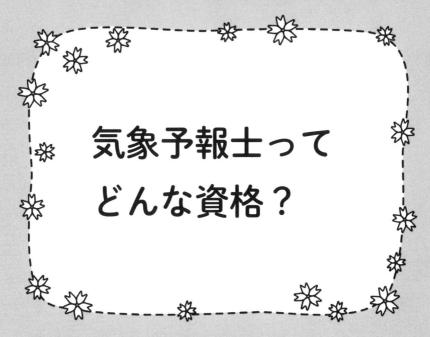

気象予報士って
どんな資格？

教えてくれる人

船見信道 Nobumichi Funami

気象予報士・防災士。ウェザーマーチャンダイジングに興味を持ち，平成12年
気象予報士の資格取得。民間気象会社へ転職。また，気象予報士試験対策講座
の講師を多数務める。
現在は株式会社気象工学研究所にて営業活動に従事する。

01 気象予報士とは

　日本で初めて発表された天気予報は，「全国一般風ノ向キハ定リナシ　天気ハ変リ易シ　但シ雨天勝チ」で，1884年（明治17年）6月1日のことでした。全国の天気を限られた文字数で表現していて，何ともざっくりとした内容ですよね。

天気予報を不特定多数に伝えることができる唯一の資格

　さて，気象予報士の資格を取得すると何ができるのでしょうか。ざっくり言えば，気象予報士とは，「自分が導き出した独自の天気予報を不特定多数の人々に伝えることができる」資格です。

　もちろん，家庭や職場など限られた場所で「明日は晴れる」と伝えるのに資格は必要ありません。しかし，資格を持たない人がSNSやテレビなどで自分が予想した天気予報を伝えるのは，気象業務法に違反し，罰金や懲役などの罰則の対象になります。

　厳密に言えば，気象予報士の資格を持っていても，気象庁の予報業務許可を得ている必要があるなど，様々な規定をクリアしなければ，独自の天気予報を発表することはできません。天気予報にはそれだけ厳しいルールあるのです。

なぜ天気予報に厳しいルールがあるのか

　厳しいルールがあるのは，そもそも天気予報は防災情報でもあるからです。

　例えば，局地的に降る激しい雨や台風，大雪などによって，気象災害が発生する恐れのある時に，不適切な情報が流れて，一般の方々が混乱することがないように，罰則を伴った細かな規則が定められているのです。

　気象会社などで天気予報の業務に従事している気象予報士は，法令順守の義務のもと，独自の天気予報を一般の方々に発表できる権利を有していることになります。

※出典：気象庁ホームページ「気象庁の歴史」
https://www.jma.go.jp/jma/kishou/intro/gyomu/index2.html

気象業務法における天気予報の目的

　気象予報士は気象業務法に定められた国家資格です。この気象業務法の第1条には，「この法律は，気象業務に関する基本的制度を定めることによって，気象業務の健全な発達を図り，もって災害の予防，交通の安全の確保，産業の興隆等公共の福祉の増進に寄与するとともに，気象業務に関する国際的協力を行うことを目的とする。」と書かれています。

　この条文には，「気象業務の健全な発達を図る」ことを前提として，天気予報を行う目的が4つ書かれています。

① **災害の予防**：人命や身体，財産を気象災害から守るためで最も大切なことです。

② **交通の安全の確保**：気象庁は国土交通省の外局です。鉄道や自動車，船舶，航空機の安全のために，気象情報は欠かせません。

③ **産業の興隆等公共の福祉の増進に寄与する**：天気予報を社会活動に役立ててもらうことです。例えば社会経済活動（ウェザーマーチャンダイジング）などでの利活用が該当します。

④ **国際的協力**：天気に国境はありません。台風やエルニーニョ現象，津波など，地球規模の現象を予測するためには，国際的な情報交換が必要になります。気象庁はWMO（世界気象機関）に加盟しており，データ連携等の協力関係を構築しています。

　さらに，国際協力機構（JICA）とともに気象庁が実施している開発途上国への支援では，気象庁職員を専門家として現地へ派遣する技術指導や，各国国家気象機関等からの研修生の受け入れなどの活動も行われています。

02 気象予報士制度ができるまで

　国家資格である気象予報士の制度は，いつ頃から始まり，どのような目的で導入されたのでしょうか。

天気予報の自由化

　1993年（平成5年）に気象業務法が改正され，それまで気象庁だけに許されていた天気予報の発表が，一部を除いて民間に開放されました。この背景には，時代の流れと共に，気象庁の天気予報だけでなく，エリアを細かく分けた詳しい予報を求める声が次第に高まりつつあったことや，数値予報と呼ばれるコンピュータを用いた予測手法が確立されたこと，情報を伝えるメディアが拡

充されつつあったことなどが挙げられます。

　その後は，民間の気象会社が次々と設立され，気象業務に従事する気象予報士や，お天気キャスターと呼ばれる職業も誕生しました。

気象予報士制度の導入と試験のはじまり

　気象予報士制度は，この自由化に伴い導入されました。気象庁から提供される予測データを適切に利用して，「現象の予想」つまり天気予報を作成することができる技術者であることを気象庁が認定します。

　第1回目試験は，1994年（平成6年）8月で，合格者は500名でした。以降はほぼ1年に2回のペースで試験が実施されています。

資格取得の多様な目的

　資格取得の目的を個人的に調べると，おおむね3パターンの人がいました。

　最も多かったのは，気象に関連した仕事がしたいという人でした。研究機関や気象会社，現在のお勤めの会社などで，気象に関連した業務に従事することを目指したり，芸能プロダクション等に所属してキャスターを目指したり，などです。

　次は，登山やサーフィンなどのアウトドアの趣味で天気予報を活用したいという人でした。天気が急変して怖い体験をされた話を多く聞きました。

　その他，時間に余裕が生まれ，自己啓発で資格取得の勉強を始めたという人もいました。天気は身近で，普段の生活にも役立つことが多いことが理由なのかもしれません。

　資格を取得すると，「日本気象予報士会」に任意で加入できます。会員の交流や，活動イベントの情報入手ができます。また，講習会などで技能の研鑽・向上を図ることができ，良い刺激を受けることができると思います。

03 気象予報士になるための学びの場

気象予報士になるための学びの場について，いくつか紹介します。

気象大学校

日本で気象の最先端の知識を究めたいならば気象大学校です。一般の大学と異なり，将来の気象庁幹部職員として必要な知識・技術を身に付けるための大学校です。入学すると国家公務員になるため，給料が支払われることや，入学金や学費が不要であることも特徴です。ただし，１学年の定員が約15名という狭き門です。

大　学

例えば，北海道大学，東北大学，筑波大学，東京大学，名古屋大学，京都大学，岡山大学，九州大学などで気象に関する知識を学ぶことができます。研究や調査の結果を論文にまとめて発表する選択肢もあります（各学校の詳細は日本気象学会のホームページに掲載されていますので，よろしければ参考にしてください）。

気象会社などで，研究職や専門性の高い仕事をしている卒業生もいます。

スクール

社会人や一般の方を対象としたスクールも増えてきました。オーソドックスな教室で学ぶ形式のほか，個人レッスンなど様々なスタイルがあります。私の知人の気象予報士の中には，カフェや自宅などで教える家庭教師として活躍している方もいます。

費用が高くなりがちですが，試験に即した内容のカリキュラムのもとで学習することができ，わからないことがあればすぐ質問できるのは大きなメリットです。

通信教育

　通信教育は費用が比較的手頃で，全国どこでも受講が可能です。自分の学習ペースに合わせて納得いくまで講義を見ることができるのも大きなメリットです。

独　学

　私の知り合いの中にも独学合格した人がいます。また，学科試験は独学で合格し，実技はスクールや通信で勉強したという人もいます。

　自分にあった方法を選ぶことが大事です。私の場合は，仕事と並行しての勉強でしたので，週末や夜間を中心にカリキュラムが組まれた気象予報士講座のスクールに，週に1回ほどのペースで通いました。勉強期間は2年半で，通算5回目となる試験で合格することができました。

　スクールに通うのは費用が高くなります。その一方で，高い費用を払った以上はそう簡単に途中では諦められないという覚悟が持てます。また，合格という目標を共有する仲間と，励まし合ったり，刺激し合ったりすることができる環境は大きなメリットです。

　資格取得の勉強は平坦な道のりではありません。時折襲われる不安や焦りから，挫折しそうになった時には，原点となる動機を意識して思い出すことや，共に学ぶ仲間と交流できる環境を作っておくことが，効果的です。

私が気象予報士になった理由

　長丁場の勉強を続ける途中で，幾度か挫折しそうになることもあるでしょう。そのような時に，気象予報士になりたいと思ったきっかけを思い出し，原点に戻るのも挫折を防ぐには効果的だと思います。

　私の資格取得の動機は主に２つあり，１つ目は趣味のヨットで怖い思いをしたことです。ヨット仲間数名と夏の晴れた日に出航したクルージングで，横風と横波を受けながら海峡を横切ったことがありました。当時はヨットの経験も浅く，大きく傾き揺れるヨットに必死に掴まっていることしかできませんでした。その時に，事前に自分で天気が予測できて，風が強くなることがあらかじめわかっていれば，心の準備や，ルートの変更も可能だったのにと感じたことが気象予報の勉強をしたいという気持ちの始まりでした。

　２つ目は，当時勤務していたマーケティングリサーチ会社の社長から受けた「何か自分の得意分野を持ちなさい」という教えでした。タイミング的に天気予報の自由化が始まる頃でしたので，テレビや新聞などで，夏場の気温が１℃上昇するとビールの消費量がいくら増えるかなど，天気と経済効果を関連付けた内容が取り上げられることも，しばしばありました。天気だけでなく，ビールの売上げまでも自分で予測できれば，もっと仕事が面白くなると感じ，「天気」を得意分野にしようと決心しました。

　「もうアカン」という感情は大きな波でやってきて，その後に「ホンマに諦めてもええんか」という感情がぶつかりあって，葛藤が続くように思います。

　振り返ると，試験勉強で挫折しそうになった時，私はヨットの経験と社長の教えを思い出すことで，気持ちを前に向けていました。

 # 04　試験勉強を始めようと思ったら

まずは学科試験を目標に勉強

　気象予報士試験は大きく２つに分けて学科試験と実技試験があります。また，学科試験は「予報業務に関する一般知識」と，「予報業務に関する専門知識」

の２科目があります。学科試験はマークシートによる多肢選択式ですので，まずはこの学科試験を目標にする方が多いです。

　学科の一般知識は，自然科学の法則や，擾乱（じょうらん）の特徴，気象に関連した法律などの勉強が中心になります。

　学科の専門知識は，より気象と関わりが深い実務的な内容になり，気象観測や数値予報と呼ばれる天気予報の仕組み，気象災害に関する問題が出題されます。

天気予報の歩みを知ることで実技試験にプラスの効果

　試験で問われる内容が現在の観測の技術や予測の技術ですので，当然ながら今の時代の天気予報に即した勉強をすることになります。ただ，冒頭で触れたように，天気予報は明治の時代から始まり，現在に至るまでの歴史があります。学科試験で直接これらの歴史的な知識が問われることはありませんが，これまでの天気予報の歴史的な歩みを知ることで，気象の技術の進化は最も重要な「災害との戦い」であったことを学ぶことができると思います。そしてこの知識や考え方は，実技試験での解答にも少なからず反映されるはずです。

富士山頂の気象レーダーから気象衛星へ

　天気予報の歴史的な歩みの一例として紹介したいのが，かつて富士山の山頂に設置されていた気象レーダーです。

　気象レーダーは遠く離れた雨雲や雪雲を観測する装置で，天気予報の解説などでもよく取り上げられます。この気象レーダーが富士山の山頂に設置される「きっかけ」になったのが伊勢湾台風でした。この台風は1959年（昭和34年）９月26日に潮岬に上陸し，東海地方を中心に死者・行方不明者が5000名を超える甚大な被害をもたらしました。

　日本に接近する台風をより早く知ることができるよう，難工事の末に日本の最高峰である富士山に気象レーダーが建設され，1965年（昭和40年）４月から運用が開始されました。伊勢湾台風の大災害から６年後のことでした。

　私たちも高い所からは，より遠くまで見渡せるのと同じで，富士山レーダーは800kmもの探知能力がありました。

この富士山レーダーによる台風監視ですが，気象衛星観測によって，さらに広い範囲の台風監視が可能になったことから，1999年（平成11年）11月に運用を終了しました。

　その時代の最先端技術を活用して観測装置が開発・運用されたとしても，次の時代に新たな観測技術が開発されれば，世代交代していきます。

　ところで，気象予報士試験の目的の中に，３つの認定基準が挙げられています。その１つに「今後の技術革新に対処しうるように必要な気象学の基礎的知識」が記されています。これは，気象観測に限らず，気象業務の技術革新は今後も続くため，資格取得後も最新技術について学んで知識を身につけることを求められている，と私は受け止めています。

富士山レーダーと気象衛星による台風観測のイメージ図

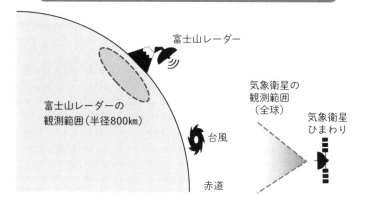

富士山気象レーダーで観測された1967年台風第17号

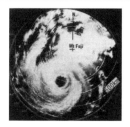

※出典：通信ソサエティマガジン №46 秋号
2018 開発物語「富士山気象レーダー」
https://www.jstage.jst.go.jp/article/
bplus/12/2/12_154/_pdf

気象衛星で観測された2019年台風第19号（2019年10月9日12時の赤外画像）

※出典：国立情報学研究所「デジタル台風」
http://agora.ex.nii.ac.jp/digital-typhoon/
globe/color/2019/2048x2048/
HMW819100903.globe.1.jpg

05 気象予報士の活躍の場とは

気象予報士の活躍の場の一例を紹介します。

民間の気象会社

　まずは，民間の気象会社があります。仕事の内容は，天気を予測する予報業務や観測業務，データの分析や解析，気象関連のシステム開発を担当するエンジニアや，ＷＥＢページを制作するデザイナーの他，気候変動などの研究に従事する方もいますので，その職種は多種多様です。膨大なデータを取り扱う気象会社では，天気予報の知識に留まらず，プログラミングやＡＩなどの解析スキルを身につけていれば，活躍の場はさらに広がります。

公的機関

　公的な機関としては，気象庁や自衛隊，自治体の危機管理部門などで気象予報士が働いています。

マスコミ関係

　マスコミ関係では，テレビのお天気キャスターの仕事はよくご存知だと思います。そのような表舞台だけでなく，原稿作成や放送で使用する素材などを準備する気象予報士がテレビ局で裏方として働いています（聞くところによると，情報番組などのお天気キャスターは，メインの司会者と息が合うと長く続くようです）。

研究機関・大学・学校等

　公的な研究機関や大学などで研究に従事している方や，学校関係にお勤めの方もいます。

一般企業

　一般の企業でも，気象予報士が活躍している職場があります。例えば，鉄道会社や航空会社，土木設計コンサルティング会社，アミューズメント施設，家電等のメーカー，アウトドア関係，流通系などが挙げられます。

　その他，企業内で天気予報のスキルを発揮している方や，個人事業主として活躍されている気象予報士の方もいます。また，農業や水産業などの分野でも，これまで以上に気象に関する業務に携わる方が増えています。

天気予報を作成する仕事

　私自身，かつて天気予報を作成する仕事をしたことがあります。

　そこでは，契約したクライアント向けに，ピンポイントの天気予報を提供していました。例えば明日・明後日の天気予報は，気象庁のスーパーコンピュータが計算で求めた1時間ごとの数値（気温や雨の量，風の強さ，雲の量などの予測データ）から，晴れ，曇り，雨などを判断して伝えていました。

　スーパーコンピュータが求めた結果が100％正しければ，その内容を変更する必要はないのですが，実際は誤差などが含まれるため，気象予報士による補正や，ピンポイントになれば地形などの特性を反映する必要があります。

　気象予報士の資格があれば，これらの工程を行った後の独自の天気予報を発表することができます。ただし，変えるにはそれなりの根拠が必要です。分かりやすい例では，コンピュータがいつも雨の量を少なく予測したり，雨の降り始めの時間を遅く予測する傾向がある場合，気象予報士の判断で予想する雨の量を増やしたり，雨の降り始める時間を早める修正をすることがあります。

　極端な例では，翌日の天気を雨から晴れに変えることもありますが，これだけ大きく変えるのはかなり勇気のいることです。

　詳しい説明は省きますが，私もかつて雨から晴れに予報を変えて発表したことがありました。この時は実際に晴れたことから，クライアントの担当者に感謝されました。このあたりが独自の天気予報が発表できる気象予報士の仕事の醍醐味だと感じています。

06 気象予報士になろうと思ったら

　気象予報士の資格取得を目指すなら，その目的を意識することが大切です。目的意識が明確になれば，あとは試験に合格するための手段を検討することになります。

合格はあくまでも通過点

　試験に合格し，通っていたスクールの先生に報告した時に「合格は1つの通過点です，本当の勉強はこれからですよ」と言われました。この時のアドバイスは，今でも心がけています。気象関係の仕事に従事することが目的なら，試験対策の勉強と並行して，幅広く知識を身につけておくことが理想的です。

　日本の天気予報の歴史を振り返ると，これまで多くの方の地道な努力によって発展を続けてきたことが読み取れます。そして，これからの時代の天気予報を引き継ぐのは，そのバトンを手にした皆さんです。

第2章

気象予報士試験
を知ろう

教えてくれる人

加藤牧子 Makiko Kato

気象予報士。電機メーカーに在職中，資格に興味を持ち勉強を始め，2回目の試験で合格。その後，一社）日本気象予報士会の事務局勤務を経て現在に至る。

藤野二沙子 Fusako Fujino

気象予報士。小学校教員。
授業で気象について扱ううちに興味が芽生え，一念発起して試験に挑戦し合格，現在に至る。

01 気象予報士試験の概要

　「気象予報士試験を受けてみたいけど，どんな感じなのかな？」と試験について知りたくなったら，まず，試験を実施する一般財団法人気象業務支援センターのホームページをチェックしてみましょう。気象業務に係わる法律（気象業務法）に基づいて，気象庁長官より指定を受けている唯一の機関です。

気象予報士試験の実施団体

気象業務支援センターのホームページ（http://www.jmbsc.or.jp/）

JMBSC 一般財団法人 気象業務支援センター
Japan Meteorological Business Support Center

English　Japanese
[オンライン配信利用者専用ページへ]

ホーム　新着情報(2021.05.20更新)　センターについて　センターの事業　関連サイト　お問い合わせ一覧　サイトマップ

お知らせ

New! 新型コロナウイルス感染症に関する（一財）気象業務支援センターの対応状況について（その10）
　※ こちら（PDF形式）（2021年3月22日 掲載）
　今後、新型コロナウイルス対策の進捗状況により、当センターの対応に変化が生じた場合には、当センターのホームページ等を通じて速やかにお知らせします。

2021(令和3)年4月より、負担金を改定いたします。
　(2021(令和3)年2月12日 気象庁認可)

窓口販売業務の中止について
　新型コロナウイルス感染症拡大防止の観点から、当センターでの窓口販売業務を中止いたします。
　なお、ご注文につきましては、メール・FAX等をご利用願います。

　気象予報士試験は，具体的には，以下を認定することを目的としています。

---

①今後の技術革新に対処しうるように必要な気象学の基礎的知識

②各種データを適切に処理し，科学的な予測を行う知識および能力

③予測情報を提供するに不可欠な防災上の配慮を適確に行うための知識および能力

試験日程と試験地，受験資格

　年に2回，1月と8月の日曜日に実施されます。試験地は北海道，宮城県，東京都，大阪府，福岡県，沖縄県の6か所です。試験地は受験申請するときに，好きな場所を選ぶことができます。

　受験資格の制限はありません。老若男女誰でも受験できます。試験会場に行くと小学生に出会うこともあります。

試験時間

　試験は朝から夕方までの長い時間かけて行われます。午前中に学科試験が2つあり，午後に実技試験が2つあります。気力も体力も必要ですね。合間のトイレ休憩や昼休みは十分ありますので，慌てなくても大丈夫です。

科　　目		試　験　時　間
学科試験　（予報業務に関する一般知識）	60分	9時40分～10時40分
学科試験　（予報業務に関する専門知識）	60分	11時10分～12時10分
実技試験1	75分	13時10分～14時25分
実技試験2	75分	14時55分～16時10分

試験の方法

　学科試験は，マークシートで5択から選択回答する方式です。予報業務に関する一般知識と専門知識の科目から出題されます。実技試験は，記述式です。

合格基準

　学科試験の合格基準は，一般知識，専門知識ともに15問中正解が11以上です。実技試験の合格基準は，1と2の総得点が満点の70%以上です。その時によって試験の難易度が変わりますので調整される場合があります。

科　　　目	合格基準
学科試験　　（予報業務に関する一般知識）	15問中正解が11以上
学科試験　　（予報業務に関する専門知識）	15問中正解が11以上
実技試験1	総得点が満点の70％以上
実技試験2	

科目免除

　一般知識と専門知識の学科試験は，それぞれ合格すると1年以内に行われる試験ではその科目の試験が免除になります。

　この制度を上手く使って，まず学科の一般知識合格を目指し，次に学科の専門知識に合格し，最後に実技に合格する3ステップで臨む受験生もいます。自分の勉強のペースに合わせて合格への道のりを計画してみてください。

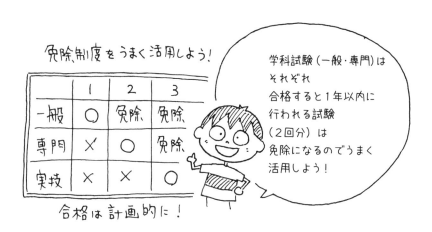

02 難関と言われる理由

難関イメージが強い

　「気象予報士の資格を持っていることを伝えたら，相手からどんなリアクションが返ってきたか？」をヒアリングをしてみたところ，「難しいんでしょ？」，「初めて（気象予報士に）会いました」，「キャスターさんですか？」，「明日の天気を教えてください」などでした。

　明日の天気予報を聞かれるのは気象予報士らしいですが，有資格者の絶対数が少ないこともあり，まず珍しがられることが多いようです。そして，「気象予報士試験＝難関」のイメージが強いこともわかりました。

試験結果の統計

　これまでの試験結果の統計データを見てみましょう。横軸は試験の通算回で，平成6年度の第1回から直近の令和2年度の第55回までを示しています。各回の受験者数と合格者数を棒グラフ（縦軸左）で，その合格率を折れ線グラフ（縦軸右）で表しています。試験が実施され始めて4回ほどは二桁の合格率でしたが，それ以降は一桁であることがわかります。1番合格率が低いのは4.0%（第12回，39回，41回，44回）。合格率の平均は5.5%です。204,552人受験して，11,325人が合格しています。

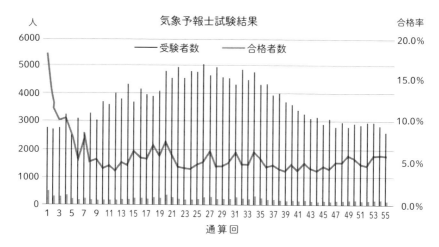

気象予報士試験結果

※出典：一財）気象業務支援センターホームページ

　100人いたら5〜6人しか合格できないと意気消沈しないでください。全員が，準備して臨んでいるとは限りません。とりあえず受験してみようという人や，あまり準備に手が回らなかった人もいます。一生懸命努力した受験者の合格率はもっと高いと思います。本気で目指せば合格できる試験です。

合格までの平均受験回数

MEMO

　さて，合格した人はいったい何回試験を受けて合格しているのでしょう？
　早いと勉強を始めてから半年〜1年くらいで合格する人もいますし，10年くらいかけて合格する人もいます。目安として600〜1000時間くらい勉強すると合格すると言われています。個々の力量や勉強に費やせる時間がどれだけあるかにもよりますので一概には言えませんが，合格までの平均受験回数は4〜6回（2〜3年）くらいです。数回落ちても諦めずに粘りましょう。

気象予報士試験に独学合格できる？

「独学で合格できるの？」と思われるかもしれませんが，独学合格者もいます。独学向けの試験勉強を紹介しているサイトもありますので活用するとよいでしょう。

ただ，合格までの勉強時間の目安は600〜1000時間。決して短くはありません。独学にこだわらず自分に合った勉強方法を選ぶのも大切です。

通信講座やオンライン講座なら場所や時間を選ばずに学べます。費用はかかりますが，合格への道のりを指南してもらえるので効率的です。費用については，教育訓練給付制度（一般教育訓練）が適用される場合もあります。一定の条件を満たした方が厚生労働大臣の指定する講座を受講し修了した場合，修了時点までに実際に支払った学費の20％（上限10万円）が支給されるので，検討してみるとよいでしょう。

03 どれくらい基礎学力が必要か

　ここでは，小学校で学習する知識（中学校で学習するものも少し含まれます）が，気象予報士試験の学習にどれだけ必要になってくるかをご紹介します。

国　語

　「最初に国語の話？　算数とか理科とかではないの？」と思われたかもしれません。しかし，まずは国語です。実は非常に重要なのです。

　「百聞は一見に如かず」で，試験問題を見てください。下記は第54回気象予報士試験の実技試験1の問題です。

実技試験1　問題例

問4 (5)② 水戸では，30日0時から雪に変わり，気温がほぼ0℃で推移し，9時にかけて雪が降り続くと予想される。30日0時〜9時の水戸での雪水比を0.7として，30日9時までに予想される水戸の降雪量（降雪の深さの合計）の最大値を，四捨五入により1cm刻みで答えよ。ただし，予想降水量は，①で求めた値から，観測された29日21時〜24時の降水量を差し引いて求めるものとする。

※出典：気象業務支援センター　第54回試験過去試験問題

　解く必要はありません。注目してもらいたいのは，「1つの解答を導くために必要になってくる条件や仮定，指示の多さ」です。

　この長い文章を正確に読み取り，答えていく必要があります。ちなみに，この問題は実技試験1の最後から2番目の問題です。時間との戦いをしながら，集中して読み解かなければいけません。

　実技試験では，どの図を用いて答えるのかの指示も多く，それらに注意をしつつ，もれや落としのないように読みます。

　実技試験以外でも，文章がやたらと長いものがあります。作問者の意図を読

み取るには「読解力」が不可欠です。ここは落としてはいけないと気づいたキーワードに線を引き，工夫しながら問題を読み解きます。

　そして，問題文が読めたら次は「書く力」。実技試験1・2とも，書かせる問題が多いです。「簡潔に答えよ」や「○字程度で述べよ」といった字数制限がある問題もあります。文が長くなっても，主語と述語がきちんと対応するように気をつけて書きます。作問者の意図を汲み取り，必要なことを落とさず，余計なことは書かず，文章を書くのです。まさに「書く力」ですね。

漢字も重要です！

　実技試験は，手書きです。漢字での表記が求められることがありますし，指示がなければすべて平仮名でよいわけでもありません。気象予報士として一定レベルの漢字は書きたいものです。普段パソコン中心で字を書く機会が少ない方は，学習をしながら，漢字を書く練習も必要です。

社　会

　突然ですが，47都道府県をすべて言えますか？　場所ともリンクしていますか？　日本の周りはすべて海です。海や海流の名前は覚えていますか？　緯度や経度はいかがでしょうか。小学校で学習したことは，このようにつながってきています。気象を扱うので，地名や海流の知識も必要です。離れた島も大切です。そして，雲や風は流れてきますので，国内だけ覚えていれば大丈夫というわけではありません。

知識の変換も必要です

　残念ながら，気象の世界では昔学校で習ったことと定義の仕方が違う場合があります。例えば，「東日本」と聞くとどのあたりをイメージしますか。気象の世界では関東甲信，北陸，東海地方を指します。東北地方や北海道は「東日本」には入らず「北日本」に入ります。「近畿地方」はどうでしょう。京都府，大阪府，兵庫県，奈良県，滋賀県，和歌山県です。三重県が入っていないじゃ

ないかと思う方は，学校での地理の学習が記憶にきちんと残っている方です。気象の世界では，三重県は東海地方に入ります。このように，気象の学習では，記憶を別の形で上書きすることが必要な場合もいくつかあります。

算数・少し数学

　算数をあなどるなかれです。どの学習もそうなのですが，基礎（土台）の上に新たな学びが積み重なっていきます。

　試験では，電卓の持ち込みはできません。計算はすべて自力です。小数のかけ算やわり算は頻繁に使います。低気圧の移動速度を求めたり，ノットから時速に変換するなどの単位換算をしたりと，その場面は枚挙に暇がありません。四則演算は正確さとともにスピードも必要とされます。

　気象学に必要な公式には分数の形のものもあります。分母が大きくなると，その数自体は小さくなりますが，こういうイメージがすっと浮かぶ必要があります。例えば，空気塊に働く遠心力を求める公式で，$\frac{v^2}{r}$ というものがあります（vは風速，rは曲率半径）。曲率半径のrが大きくなると，遠心力は小さくなり，rが小さくなると遠心力は大きくなります。このイメージです。

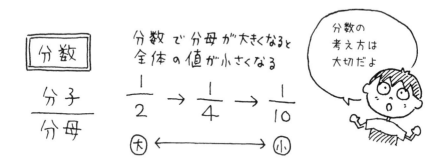

　四捨五入をして○の位までの概数にするというタイプの問題もあります。応用で，二捨三入という場合もあります。

　低気圧中心の緯度や経度を求める場合は，比例配分で考えます。緯度10°が約1110kmなので，地図上の長さを測りとり，長さと緯度をあわせて考えます。

昔一度は学習しているのですが，記憶の引き出しの奥深くにしまいこんでいないでしょうか。整理しながら取り出してみてください。

　小学校の算数からは少し離れますが，三角関数（$\sin\theta$, $\cos\theta$, $\tan\theta$）や指数，ベクトルの考えも使います。はじめは，「うわあ」と思うかもしれませんが，「そうそうこんな感じだったよね」と蘇ってくれば大丈夫です。

理　科

　小学校でも，天気の学習はしています。「天気は西から変わってくることが多い」や「台風が来ると天気はどう変わり，どのような被害が出るか」などです。小学生でも興味をもって読める，天気に関する読み物もたくさん出版されています。

　また，水の相変化も学習します。水を冷やしたり，温めたりする実験があったかと思います。氷を温めると水になり，水を温めると水蒸気になる，冷やすと逆の変化をする，という実験です。雲は水と氷でできています。水蒸気は目に見えませんが，冷やされると目に見える雲という形で私たちの目の前に現れます。冷たい水をコップに注ぎしばらく置くとコップの周りに水滴が付きますね。空気中の水蒸気がコップによって冷やされ，水という形で現れます。よく似ていますね。暖かい空気は上に移動することも，小学校理科で学習していますし，日常でも実感できます。こう考えると，気象はとても身近です。

　中学校や高校での物理や化学，地学の学習ももちろんつながってきます。覚えなくてはならない数式などもいくつもありますが，基本を理解し，それがわかったらどうやって使うのかを考えていくことがポイントです。

04 これから勉強する人におすすめの本

　気象予報士試験に挑戦してみようかと思った方，難しいこともありますが，是非楽しんで学んでほしいと思います。楽しくなれば，もっと頑張ろうと思えますし，わかることが増えるともっともっと楽しく感じられます。まずは，気象に興味をもつことが大切ですね。

　美しい空の写真集や，子供向けの天気・気象の本も多数出版されていますので，お気に入りの本が見つかると興味も湧いてくると思います。ここでは，書籍とWEBのおすすめをいくつか紹介します。

①『雲を愛する技術』 荒木健太郎 著（光文社新書）

　映画「天気の子」で監修もしておられた荒木健太郎さんの著書です。雲の出来方や種類などが写真とともに紹介されています。気象学の難しい内容も，かわいいキャラクターとともにわかりやすく説明されています。勉強と構えなくても，写真を眺めているだけでもなんだか楽しくなります。こんな雲を見てみたいなと思ったらそこから興味も広がりそうです。

　また，天気の急変をもたらす雲や空のことがわかると，それが防災に役立つというつながりについても述べられています。

　『雲の中では何が起こっているのか』（ベレ出版）も同じ著者で，こちらは，より気象学に踏みこんだ内容になっています。『空のふしぎがすべてわかる！すごすぎる天気の図鑑』（KADOKAWA）も同じ著者で，2021年4月に発売されました。細かく章立てられていて，読みやすいので初心者におすすめです。

②『Newton別冊 天気と気象の教科書』（ニュートンプレス）

　写真や絵，図などが綺麗でとてもわかりやすいです。気象の基本から災害に関すること，世界の気象や天気予報の仕組みなど，内容は多岐にわたり読み応えがあります。ゲリラ豪雨やエルニーニョ現象といった，ニュースなどで耳に

する現象について解説されています。

　また，Newtonライトなどやライト2.0といった，読みやすいシリーズも出ています。

③『新・ポケット版 学研の図鑑 雲・天気』 森田正光 著（学研プラス）

　ポケットサイズで持ち運びにも便利な学研の図鑑です。小さいながらも情報量は多く，写真や図を取り入れながらわかりやすい説明がなされています。内容も，大気と水，雲や光，四季の天気，気圧，雲と雨と風，災害，気象観測と幅広く，見るだけで楽しく学べます。

④『空と天気のふしぎ109』 森田正光 著（偕成社）

　天気に関する疑問109個が，Q＆A方式で書かれています。誰でも一度はなぜだろうと思ったことがある天気に関する疑問に，丁寧に答えています。子供にも読みやすく書かれている本なので，端的でわかりやすいです。もちろん，大人にとっても「なるほど」と思える知識がたくさん載っています。

⑤『一般気象学』 小倉義光 著（東京大学出版会）

　この本は，学科試験の「一般知識」の出題内容をほぼ網羅していると言われています。この本の内容が理解できれば，法令を除く「一般知識」は怖いものがありません。

　ですが，初めからこの本を手に取ることはあまりおすすめしません。手に取っていただいてもよいのですが，「全然わからない！」と投げ出されてしまう方がいたらとても残念なので……。内容はとても素晴らしい本ですが，はっきり言って難しいです。もちろん，物理や化学が得意だったり，難しいほうが士気が高まったりする方は，この本からスタートしていただいても構いませんが，この本は，一般知識の学習が進んできて，ご自身の理解度がある程度高まってきたという時期に読むのがおすすめです。

⑥『イラスト図解　よくわかる気象学』中島俊夫　著　（ナツメ社）

　⑤の『一般気象学』と同じ章立てとなっており，なによりとにかくわかりやすい内容です。難しい公式や言葉も，「こういうふうに説明してくれればわかるよ！」と感じると思います。博士と学君が登場する漫画もついており，本の分厚さで敬遠してしまいがちな人にも，おすすめです。

　また，学科試験「専門知識」に対応した『イラスト図解　よくわかる気象学　【専門知識編】』（ナツメ社）も，同じシリーズなので漫画がついており，解説もわかりやすくおすすめです。

05 おすすめのWEBサイト

① 気象庁

　今は，いろいろなサイトで天気予報をチェックすることができますし，雨雲レーダーなどもたくさんあります。もちろん，日常的に使うだけならご自分の見やすいもので構いませんが，気象庁のものに慣れておくと，これから試験勉強を進めるにあたって役立つと思います。天気予報やアメダス以外にも，衛星画像やレーダー，降水ナウキャスト，降水短時間予報など，天気に関する様々な情報が見られます。

　また，「各種データ・資料」のページには，気象・地球環境・海洋・地震に関する多岐にわたる情報が載っていますし，新しく改訂された情報や改訂予定の情報もいち早く載っています。「知識・解説」のページには，気象に関する言葉の意味などが載っています。

　「キキクル」というページでは，大雨による災害発生の危険度の高まりを地図上で確認できる危険度分布も見られます。

　https://www.jma.go.jp/jma/index.html

② 日本気象協会　tenki.jp

　民間気象会社のものです。天気予報や雨雲レーダー，天気図はもちろんのこと，レジャー天気や，花粉・桜の開花・梅雨・熱中症といった季節情報などがあります。

　また，毎日気象予報士の方々が「読み物」を書いています。当日や翌日の天気の解説の他に，季節の情報やこの先の天気の見通し，注意が必要な天候情報などです。「tenki.jpサプリ」というコーナーは，季節の情報等が載っており，楽しめます。

　https://tenki.jp/

③ ウェザーニュース

こちらも民間気象会社のものです。天気に関する情報やコラムなどがたくさんあります。

また,「みんなで作る天気」というページがあります。ウェザーリポートを送ったり,ソラミッションというものに参加をしたりすることができます。空や月の写真を撮って送るものや季節に関するアンケートに答えるものなど,参加型の企画がたくさんあります。

https://weathernews.jp/

④ windy

風は目に見えませんが,ここでは大気の流れを視覚的に確認できます。ぼんやり眺めているだけでも,地球や大気といったものの壮大なスケールを感じられます。日本だけでなく,全世界の情報を見ることができます。

天気予報を始めとして,雲,天気,気温,波などの情報もあり,いろいろなカテゴリーに分かれており,自分で欲しい情報をカスタマイズすることもできます。また,高度を変えて風の動きを見ることもできます。風が収束しているところや,低気圧,高気圧,前線などを見つける練習にもなります。

https://www.windy.com/

⑤ JTWC（Joint Typhoon Warning Center）

少しマニアックなものがお好きな方にはこちらをおすすめします。

アメリカ・ハワイの米軍合同台風警報センターが発表する台風情報です。米軍の設備を使いデータを収集しています。英語表記なのですが,慣れればどこに何の情報が載っているか分かるようになってきます。日本とは時差があるので,示されている時刻に9時間プラスして読み取ってください。

https://www.metoc.navy.mil/jtwc/jtwc.html

第 **3** 章

サクラサク！
十人十色の
合格体験記

中学生からの夢を叶えて合格後，大学生ながらニュース番組でお天気コーナーを担当

気象予報士・法政大学在学中
news zero 気象キャスター

村上なつみ Natsumi Murakami

中学時代は，天気に目覚め，担任の先生に「天気オタク」と言われる。法政大学第二高等学校卒業後，2019年法政大学文学部地理学科入学。現在大学に通いながら2020年10月より news zero のお天気コーナーを担当。

【受験歴】

回数	一般	専門	実技
1	○	×	×
2	免除	○	×
3	免除	免除	×
4	○	免除	×
5	免除	○	×
6	免除	免除	○

中学時代に天気に興味を持ち，高校から勉強スタート

　中学時代，屋外の部活の練習が大変で「雨が降って中止になるといいな」と思っていました。登校前には必ず天気予報をチェックし，登校しても「空を見て自分で雨がわかったら」と空ばかり見る癖がついてしまいました。そうするうちに，「同じ天気って一度もない」，「天気って面白い」と興味を持つようになりました。

　そんなある日，国家資格として認められている気象予報士の存在を知りました。「気象予報士になれば雨が予想できる！　よし，将来は気象予報士になる！」と決めたのが今の私の原点です。私立の大学付属高校に進学し，気象予報士試験の勉強を始めることにしました。

高校在学中に学科に合格，実技で苦戦

　2017年の春頃から気象予報士試験の講座に約１年間通いました。最初の１年は「学科２科目に合格する」ことを目標に，基礎を徹底的に勉強しました。講座だけでなく，学校や自宅で参考書を読んでいました。範囲が，高校で勉強する物理や地学が被るところがあったのは幸いでした。2017年度の夏に学科一般，冬に学科専門に合格しました。

　それから本格的に実技の対策に入りました。しかし，2018年夏は学科科目が免除だったのにもかかわらず不合格で，学科一般の免除がなくなってしまいました。

　2018年冬，2019年夏と立て続けに不合格で，もうダメかなと思うこともありました。でも，「まだ10代の私がそう簡単に受かる試験ではない。諦めてはいけない」と思い直しました。

　実技科目の講座に通い，直前は１日10時間勉強していました。それでも不合格で，厳しさを思い知りました。

　2019年冬に６回目でようやく合格できました。直前半年は個人授業を受け，自分の弱点と向き合いました。このスタイルが，独学よりも私にはあっていたようです。答えを客観的に見てもらい，弱点を指導してもらうことで，実力が伸びました。

学科試験は参考書を全部ノートにまとめる

　学科試験はイラストが多めの参考書と，模擬試験，過去問を中心に学習しました。そして，とにかく理解を重視しました。「なんでそうなるのか？」がわからないと私は覚えられないタイプだったからです。

　例えば，学科一般は難しい公式がたくさん出てくるので，丸暗記するのではなく，「その公式が成り立つことでどうなるのか」という意味の理解に努めました。イラストで描いてみたりもしました。

　学科一般・学科専門では，参考書を全部ノートにまとめました。わからないところは自分で調べ直してわかりやすくまとめます。何度見ても自分が理解できるように書きました。

　参考書を全部まとめ終えたら，過去問と模擬試験をひたすら解きました。試験1カ月前くらいからは本当に過去問と模擬試験の繰り返しでした。

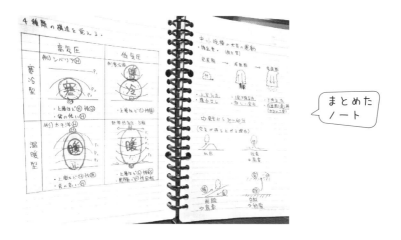

まとめた
ノート

　学科試験は正誤問題，つまり○×クイズです。そこで，問題の中にある「誤」の問題文はどこを変えれば「正」になるかを考えながら解きました。はじめは難しいですが，これがかなり力になりました。正誤はなんとなくでもわかるのですが，誤の文を正の文に変えるためにはかなり理解していないと難しいからです。

　過去問や模擬試験を受けていると，何度も間違える分野，弱点が見えてきます。その時に，はじめに作ったノートを繰り返し読み，「わからない」をなくすよう補強しました。

実技試験は過去問をメインに据え，個人授業にも通う

　実技試験は過去問と模擬試験を中心に学習しました。参考書は使わず，過去問を解き，模範解答と照らし合わせることを繰り返しました。学科は，参考書を読んでインプットする時間，そして過去問や模擬試験を解いてアウトプットする時間の割合が「1：1」でしたが，実技試験では「1：9」でした。実技試験では問題に多く触れ，解答方法を身につけるようにしました。子供から大人になるときに言葉の引き出しが増えるように，実技試験でもたくさん解くことで解答方法の引き出しが増えると実感したからです。具体的な数字，言葉の使い方，地名までとにかく細かく確認し，模範解答に近いものが書けるよう努力しました。

　「出題者の意図をくみ取る」のが難しくて苦労しました。実技試験は正解が1つではありません。どこが正しくてどこが違うのかわかりにくいのです。

　「3度の等温線が…」を「6度の等温線が…」と答えたら，誤りなのか，部分点をもらえるのか，グレーゾーンを知りたくて個人授業にも通いました。個人授業で指導を受けたことで客観的に自分の解答を見られるようになりました。

独自のランダム暗記法

　個人授業に通い「苦手な暗記を克服しないと合格答案が書けない」と気がつきました。実は，天気図記号や雲量のマークなどは覚えずに勉強していました。しかし，実技科目の10点くらいは暗記だけで獲得できるとわかりました。

　そこで，毎日，勉強を開始するときに，暗記したことを書いて確認するのをルーティンにしました。答える順番はランダムにしていました。本番の試験問題は暗記した順番では出てくれないので，練習のうちからランダムに慣れようと思ったからです。中学生のころに苦手な英単語を覚えるときもしていたので効果は抜群でした。

問題を解く前に!!
Warming Up!

①北海道の地名
②十種雲形（記号とともに!!）
③現在天気図記号
④1日の時間細分
⑤予報用語

→ 必ず毎日する

気象予報士試験と数学の関係

　数学は中学生くらいまでは得意でした。しかし，付属高校で大学受験の勉強の必要がなく，なまけてしまい，数学レベルは中学で止まり，高校では60点取れればよいほうでした。それでも，気象予報士試験で苦労することはありませんでした。「数学ができないからわからない」と思ったことは一度もありません。

　必要なのは，どちらかというと「計算力」です。例えば天気図ではスピードが「ノット」で表記されています。これを時速に変換する問題はよく出てきますが，配点が少ないのでスピード勝負なのです。私は学生だったので有利でしたが，そうでない方は，電卓を極力使わず手計算をするようにするだけでも違うと思います。

試験と学業の両立

　気象予報士試験の勉強と高校の学業は，忙しくなる時期が微妙にずれていたので両立にはそれほど苦労せず済みました。長期休みもあるので1カ月くらいは集中的に勉強することができました。いつも学校の図書館かカフェにこもって1日10時間くらい勉強しました。

　高校3年の夏は，1番勉強しました。朝6時に起きて8時半くらいにカフェに着き，夕方の6時まで勉強しました。夜も，9時ごろから11時まで勉強していました。

　合格した年のほうが勉強していませんでした。気象予報士試験と大学の試験の時期が重なり，アルバイトもあり，試験1週間前でも4時間程度でした。それでも合格できたのはその年の勉強スタートが早かったからです。

　私はぎりぎりまで手を付けず，焦り始めてから本腰を入れるタイプですが，その年は母から「大学の試験と日程がかぶっているから早く勉強しなさい！！」と四六時中言われました。結果，焦ることなく余裕をもって勉強することができたので，まさに「母の言うとおり」でした。

試験当日の注意点

　私はあまり緊張しないタイプで，ふだん勉強するときと同じ気持ちで挑みま

した。ただ，冬の試験は手がかじかみ動かなくなるので試験前にとにかく書いて血流をよくしました。

　現役学生として，テストを受ける時の注意点としてお伝えしたいのは，「休憩時間に終わった試験問題の正誤を確認するのはよくない」ということです。誤りに気づいたらテンションが下がりますし，正解していても，次の試験には出ないので。

気象予報士になって

　気象予報士として仕事ができることに誇りを持っています。

　「お天気お姉さんなの？」と親戚や友達に聞かれますが「そうだよ……」と言いながら心では「気象予報士です！」と叫んでいます。気象予報士は，どこに注意してほしいのか，天気のポイントをわかりやすく伝えることが仕事です。これから起きそうな気象現象を視聴者にわかりやすく「翻訳」します。

　私は，気象予報士として自分の言葉で伝えることがしたかったので，合格した時は「気象予報士として胸を張ってお天気を語れる！」と嬉しかったです。ぜひ，仕事ぶりを見ていただければと思います。

Message

　本書を手にされた方にとって，気象予報士試験や気象予報士の仕事はまだよくわからない未知の世界かもしれません。中学生の頃，私も本書のような書籍を手にしました。

　合格率5％の試験と聞くと，とんでもなく難しい試験のように感じますが，誰でも受験資格があって誰でも合格する可能性があります。

　私が，「お天気が好き！」という気持ちだけで合格できたように，特別な能力や才能は必要ありません。「好き」という気持ちが大事だと思います。諦めずに頑張ってください！

お天気キャスターとして，今より信頼性を高めるために受験，周りに宣言して合格！

気象予報士
ウェザーニュース LiVE 気象キャスター

山岸愛梨 *Airi Yamagishi*

ウェザーニュース LiVE 気象キャスターをしながら
気象予報士を志し，見事合格。

【受験歴】

回数	一般	専門	実技
1	×	○	×
2	○	免除	×
3	免除	免除	×
4	免除	×	×
5	○	×	×
6	免除	○	×
7	免除	免除	○

㈱ウェザーニュースの気象キャスターとして

インターネット気象番組「ウェザーニュース LiVE」で気象キャスターを務めています。24時間365日，天気予報の現場から最新の気象・防災情報をお届けする番組です。

1人3時間，番組を生放送でお伝えします。台本はなく全てアドリブです。天気の見解が変わってもトラブルがあっても大きな地震が発生しても落ち着いて情報を発信し続けます。そのため，事前に原稿を決めておくのは難しいのです。自ら原稿を作っていますが，原稿がなくても伝えられるようにしています。

お天気キャスターから気象予報士を目指した理由

番組開始当初は少なかった視聴者も年々増加しています。その中で，気象情報を伝えるための知識や実力が足りないと感じるようになりました。インターネット放送は視聴者と距離が近く，厳しい意見をいただくこともあります。

「お天気キャスターは知識がなくてもなれるでしょ？」，「その情報は気象予報士が解説してよ」と言う人もいました。「気象予報士の資格がないことにより解説を聞いてくれない人が存在するのだ」と気づきました。そこで，気象予報士の資格を取得して，もっと安心して番組を見てもらおうと決意したのです。

自分や大切な人の命を守るために重要な気象情報です。老若男女幅広い層に信頼してもらうために，挑戦することにしました。

1回挫折するも再スタート

2014年春から約10カ月，ヒューマンアカデミーに通いました。しかし，仕事で欠席してしまうことも多く，いったん勉強を休みました。2017年から「合格できないなら気象キャスターを辞める」覚悟で勉強を再開しました。職場でも宣言し，後戻りができない状況に自分を追い込みました。逃げ道を断つ作戦です。職場には，試験に合わせてスケジュールを調整してもらえるメリットもありました。

大失敗してしまった３回目の試験

　2017年８月から受験し，７回目の試験で合格しました。

　印象的だったのは，３回目に受けた2018年８月の試験です。順調に学科試験を合格することができていた私は，残すところ実技試験のみという状況でした。しかし，極度の緊張により頭の中が真っ白に。問題に全く集中できず，試験は終了し，不合格でした。

　学科試験の免除期間切れは思っていた何倍も精神的なダメージが大きく，３日間くらい泣きました。「もう天気図なんて見たくない」と弱音を吐きました。

　緊張の原因は会場の独特の空気にのまれたことです。

　まず，開始1時間前に席に着くことができるよう逆算して家を出たものの，到着するとすでに皆席に着いていて驚きました。

　次に，実技試験がスタートして響きわたる「ビリビリビリ」という音に慌てたことがあります。天気図等の資料をミシン目から切り離す作業を皆が一斉にし，慌ててやりましたが上手くできずにもたもたしました。

　学科・実技ともに，試験開始後30分から途中退出が可能になります。学科試験のときにはぽつりぽつりと席を外す人がいましたが，実技試験はほとんどいません。中途半端な気持ちでは勝てないと実感しました。

　アドバイスしたいのは，実技試験の休憩時間は，他の受験生の会話を聞かないほうがよいということです。どうしても気になってしまいますが，不安が大きくなるので，音楽を聴いたり，廊下に出るなどしてシャットアウトしました。

辛い時期を乗り越えられた理由

　「天気図なんて見たくない」状態から，勉強が続けられたのは，恩師（本書の編著者の中島先生）の存在が大きいです。感謝を合格という結果で返したい，また，友人や家族，番組の視聴者など，応援してくれている人に報告がしたいと心底思いました。誰にも言わずこっそり勉強を続けている方もいますが，勉強をしていることを周囲に伝え「この人に合格の報告をしたい！」とモチベーションに

するのもよい方法です。

仕事と勉強の両立と日々のスケジュール

　週1回，2時間の授業を受けていた他，平日は平均3時間，休日は7時間を目標に勉強し，合格までの期間中，合計2000時間以上勉強しました。

　平日は，1日3時間を目標に，朝起きて30分，仕事前に職場近くのカフェで30分，帰宅後2時間勉強しました。仕事が忙しく時間を確保できない日もありましたが，どんなに疲れていても，5分だけでもやると決めていました。撮影前のちょっとした空き時間や移動中も単語帳やアプリを使って学習するようにしました。毎日必ずテキストを開くマイルールで，勉強しないとモヤモヤするほどになりました。

　休日は，自宅で1時間，図書館で5時間，帰宅後に1時間，合計7時間前後勉強しました。集中できなければ意味がないので，最初に「今日はここを徹底的に理解するぞ！」などと目標を立ててから始めました。

学科試験の勉強方法（一般・専門）

　学科試験は，テキストの読み方を工夫しました。まず，テキストを1章読み，その後何も見ずに書かれていたことを思い出しながら説明してみるようにしました。

　図やイラストを描きながら思い出したり，出勤中や散歩中に喋ってみたりしました（笑）。繰り返し暗記をして，さらに「思い出す」練習をしていました。また，「翌日，1週間後，1カ月後，試験1カ月前」など，だいたいの期間を決めて復習もしました。

　水蒸気密度や混合比，比湿，露点温度などの基本的な部分は，絵を描いて理解を深めました。例えば水蒸気密度は満員電車をイメージ。勘違いしそうな複雑な文章の問題や計算問題も，落ち着いて絵や図で整理するようにしました。

　テキストは，一般は『イラスト図解　よくわかる気象学』（ナツメ社），専門は『イラスト図解　よくわかる気象学【専門知識編】』（同）に絞りました。初めて理

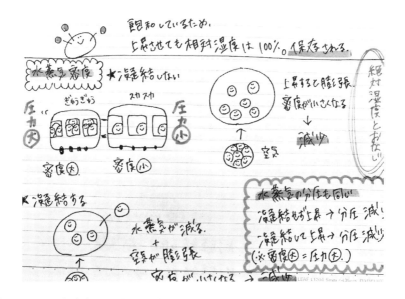

解しながら読破することができたおすすめの本です。補足程度に『らくらく突破　気象予報士かんたん合格テキスト』（学科・一般知識編，学科・専門知識編）（技術評論社）を読み，『一般気象学』（東京大学出版会）のグラフや図にも目を通しました。この他は，問題集や過去問から知識を得るようにしていました。

　問題集は『ひとりで学べる！気象予報士学科試験　完全攻略問題集』（ナツメ社）を使いました。4〜5回解いてわからないものをゼロにしました。一般・専門ともに10〜15回程度は解きました。解けない問題は解説までしっかりと読みました。

　さらに，気象庁ホームページの「知識・解説」部分は，試験に出題される大切な情報が多くあります。「気象」の項目は全て読み，気象警報や台風情報などは，プリントアウトして赤シートで隠しながら覚えました。

実技試験の勉強方法

　天気図から素早く正確に情報を読み取ることは実技試験合格に欠かせません。とくに高層天気図は情報量も多く，どこに何が書かれているのか見分けるだけでも一苦労です。毎日確認し，色をつけたり，付箋を貼ってポイントを書き込んだりしながら少しずつ覚えました。

また，記述式であるため，文章力が必要になります。例えば「温帯低気圧の発達条件は？」という問いに対して自分の言葉で説明しなければいけません。私は，以下のように対策しました。

① 過去問の解答例などを参考にして，「この表現わかりやすい！」と感じた文章をそのままノートや単語帳にまとめる。よく出る問題は丸暗記する

② 指定された文字数をオーバーしてもよいので，できるだけ詳しく文章を書く練習をする

③ 必要のない文章を削ぎ落とし，適切な長さで文章を書く練習をする

付箋は大活躍！

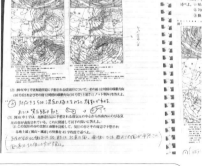

私は解答例を集め，丸暗記することから始めました。単語帳7束分をまとめ，常に持ち歩き眺めるようにしていました。

実技試験は基本で解けるものもある

　実技試験の合格基準は，総得点が満点の70％以上です（ただし難易度により調整される場合があります）。初めて過去問を解いてみたとき，結果は35点でした。まだ実技の勉強に入る前で，記述は全て空欄で，穴埋め問題やSSIの計算など，わかるところだけ解きました。それでも35点もあるのです。

　記述式なので実技試験は学科試験より難しい印象でしたが，穴埋め問題や簡単な計算，暗記をしていれば解けるものもあります。イメージに惑わされず，基本を大切にすることが合格への近道だと感じました。

やって良かった！　合格の決め手となったもの

　振り返ると，合格の決め手となったと思われる点が２つあります。

その①　模試という貴重な予行演習を重ねたこと

　模試ではケアレスミスで10点以上減点がありました。自宅学習ではしないミスでした。いかに緊張により失点しているかを自覚し，ミスを減らすための工夫をしました。

その②　実技の過去問30回を３周，計90回分解くと決めたこと

　３年半でこれが最も辛く，来る日も来る日も過去問と向き合う日々はストレスが爆発しそうでした（笑）。

　２周解き終わり「１周目と２周目で間違えている問題が同じ」と気がつきました。数をこなしているだけで正しく理解をしていなかったのです。そこで，いったん解くことをやめて，発表されている解答例を熟読しました。ノートにまとめ，問題文と照らし合わせながら，ひとつひとつ丁寧に確認作業をしました。そのうえで，３周目の過去問を解きました。するとほぼ問題も解答例も丸暗記できていたので今度は正解することができました。

　90回分の過去問をやり切ったことにより，７回目の試験ではほとんど緊張を感じなくなりました。目標を達成したことが自信に繋がりました。緊張しやすい方はぜひ「決めたことを信じてやりきる」ということを意識して勉強してみてください。

大体1週間で
これだけの厚みに
なりました。

すごい！

　気象キャスターになったばかりの頃、『気象予報士かんたん合格テキスト』（技術評論社）を父がプレゼントしてくれました。キャスター仲間にそのことを伝えると「気象予報士試験は超難関の国家資格だから、大学で気象を学んできた一部の人しか合格できないらしいよ」と言われました。今なら「そんなことないよ」と教えてあげられるのですが…当時は素直に「そうか、無謀なのか」と信じてしまいました。もちろん、キャスター仲間は悪気があったのではなく、本当に合格できない資格と認識していたのでしょう。

　難しい印象の強い試験だからこそ、挑戦を諦める人も多いかもしれません。今なら、「自分を信じて勉強を続ければ必ず合格できる試験」と自信を持って言えます。不安な気持ちになるような言葉は全て聞き流しましょう。

　キャスター人生の中で、気象予報士試験合格後の今が最も天気が楽しいです。勉強に疲れてしまったときはいったん休憩して、ぜひ空を楽しんでください。資格取得までの道のりは決してラクではありませんが、気象予報士になってから見上げる空はもっと面白いですよ。

気象予報士
合格体験記 3

テレビやラジオの仕事を
しながら自分のペースで勉強，
実技は一発合格！

温度 **24**°C

湿度 **41**%

風速 **2** m

気象予報士
東海テレビ気象キャスター

吉田ジョージ George Yoshida

芸能事務所でフリーアナウンサーとして，UHF局や
CATVでリポーターやキャスターなどをこなしつつ
2003年8月の気象予報士試験に合格。
テレビ大阪を経て現在，東海テレビ気象キャスター。
ブログ「吉田屋帝国」運営。

【受験歴】

回数	一般	専門	実技
1	×	×	—
2	○	×	—
3	免除	○	○

フラれた元カノを見返したく受験を思い立つ

　31歳，局アナ受験に失敗してから芸能事務所でフリーアナウンサーとして，CATVでリポーターやキャスター，コミュニティFMでのパーソナリティやイベント，披露宴の司会を生業としていた。仕事は楽しかったが，このまま専門分野もなければ，40歳50歳を迎えた自分に仕事があるだろうかと不安になった。

　ちょうど彼女にもフラれたタイミングだった。そういえば，元彼女（同業者）の机に気象予報士の参考書が置いてあったことを思い出した。彼女は合格していない。ふと，「見返してやる」なんて考えて，受験を思い立つ。

　ただし，気象予報士という資格のことを何も知らなかった。実技試験？試験官の前で天気キャスターの実演をするのだろうか。合格率数％の国家資格と知ったのは，後々のことだった。

ローンで気象予報士講座へ申し込み

　書店で本を広げただけで，難解さがわかった。「これは独学は無理だ」と，ヒューマンアカデミーの気象予報士講座への週1通学を選んだ。学費もバカにならなかった。月々2万円のローンを2年分，約50万円組んだ。

　結果的には功を奏した。金銭的負荷を自らに課したことが諦めない力の源になったのだ。もちろん，万人にはすすめられないやり方だ。

　ただ，今はあまり気象予報士講座があるスクールは多くないかもしれない。今あるのは森田正光さんのクリアや，中島俊夫さんの個人講座など。中島さんはオンスク.JPというサイトでオンライン授業も担当している。活用すれば，学費も当時の私よりかなり安いはずだ。あっ，私は費用が高かったからこそ続けられたんだけどね。

数学や物理でつまずき一時休学

　つまずきはもう端からあった。学科一般に関わる数学や物理だ。程なくして，新番組のレギュラー仕事と週1の通学日が重なったこともあり，しばらく休学。いきなりの休学中には，中学レベルの数学や物理をやり直すことにした。大学

受験まで文系で，それらを無きことにして生きてきたつけが回ってきたようだ。ありがたいことに，数学や物理をやり直すためのわかりやすい大人向け参考書がブームになってたくさん出版されていた頃だった。

　復学すると，本書の第1章を執筆されている船見信道先生との出会いというミラクルがあった。先生は同じことを何度も繰り返し丁寧に解説してくれる。それにより，知識が自らの血肉になった。先生は大気の安定度を計るためのグラフ，エマグラムの魔術師でもあった（余談。摂氏0℃は273K（ケルビン）だが，「273」は語呂合わせで「フナミ」。船見先生のメールアドレスが「kelvin@×××」で，「0℃はフナミ」と覚えられたなぁ）。

　苦手だった学科一般だが，「なぜ雨が降るのか」，「なぜ北半球の低気圧は反時計回りの渦なのか」，「なぜ天気は西から変わるのか」，「なぜ台風は発生・発達するのか」など，まさに根源的事象の学び。いつしか楽しくて仕方がなくなった。勉強しながら芋焼酎ロックを飲んでいたほどだ。酒のアテになるほど楽しかったということ（イギリスのエクセター大学の研究者が「お酒を飲むと，記憶力がよくなる」という学術論文を発表している。まあ，これも万人にはすすめないけど）。

　お天気がとにかく好きになった。その人のことを好きになれば，もっと知りたくなる。まさに恋愛と一緒で，お天気のことを好きになって，どんどんお天気のことを知っていった。

3回目（お試しを除けば2回）で合格！　実技は一発合格！

　勉強を始めて数カ月でお試し受験をした。このお試しを入れて2回目の試験で学科一般に合格した。2回目の学科専門は適当に埋めて退出し，実技試験は教室にさえ入らなかった（せっかくだから試験問題くらい貰ってくればよかったのに）。

　学科専門は，もう覚えるだけ。学問としての楽しさより，30歳越えての暗記力・記憶力との勝負だった。

　実技は，複数の専門天気図を読み取り「何文字以内で答えよ」なんて，まるで現代文の試験みたいだ。現代文は得意だったので，実技試験と滅法相性がよかった。過去問を繰り返すうちに，パターンが見えてきた。

3回目の試験では，学科専門は手応えあり。実技試験も手応えがしっかりあり。これ，受かったかも。もう半年間，みっちり実技試験の勉強に取り組むつもりだったが，イケたのではないか。

　悶々と過ごした約1カ月後，合格通知が郵送で送られて来た。見事，合格。新聞に名前が載り，気象台にも名前が掲示された。気象予報士として空を見上げると，昨日までの空とは違うように思えた。

受験仲間と合格祝いで盛り上がる

　週1の通学は，独学よりも私に合っていたようだ。年齢は幅広く，働きながら勉強している人がほとんどだった。私と同様，勤務先には勉強を内緒にしている人も多かった。男女のバランスも半々で，酒を酌み交わしたり，わからないことを教え合ったり，全く関係ない恋愛話に興じたり。同じ目的に向かう同志で仲が良かった。

　私の合格を心から喜んでくれ，合格者祝いの宴会も実に盛り上がった。恵まれた環境だったと思う（そして，フラれた彼女は医師と結婚したと風の噂で聞いた……）。

おすすめの勉強ツール

　通学したヒューマンアカデミーの先生のオリジナル教材だけではなく，書店にあった様々な参考書を試した。当時から今も売れ続ける良書も多数ある。

　数式問題対策の参考書『真壁京子の気象予報士試験　数式攻略合格ノート』（週刊住宅新聞社）には本当に助けられた。また，気象予報士試験のバイブルといわれる小倉義光著『一般気象学』（東京大学出版会）は難解だが，別の参考書で解らなかったことをふと理解できたりもした。とにかく，同じ単元でも，別の人の説明や記述で理解が進んだりすることに気が付いた。

ゴロ合わせ等を活用して暗記

　30歳を越えてからの勉強だったので，暗記には苦労した。気象業務法などの法律は自身の常識感覚を駆使して読み込んだ。学科専門は，漫画やアニメのキャラクター名を覚える感覚で専門用語を身体に入れた。自動車でも，食べ物でも，好きなジャンルの言葉は複雑でも自然と覚えられる。やはり，お天気愛は活きるかと。

　気象の専門用語は，フロントリシス，フロントジェネシス，インスタントオクルージョン，ブライトバンド，クラウドクラスター，シーラスストリーク，ドライスロット等々，まるで漫画やアニメの必殺技やロボットの名称のよう。

　ゴロ合わせも色々作ったが，同じスクールの後輩女性が作った「理想気体の状態方程式」の覚え方を超えるものは中々ないと思う。

$P = \rho \cdot R \cdot T$（ピー・イコール・ロー・アール・ティー）

- P（ピー）：プレッシャー，気圧
- ρ（ロー）：密度
- R（アール）：気体定数
- T（ティー）：テンプラチャー，気温

「**プレッシャー**には　ロイ　アル　ティー」
　　　　P　　　　　＝　ρ　R　T

プレッシャーにはロイアルティーを飲んで理想の状態に……。素晴らしい覚え方だ。個人的に作成したゴロや覚え方の一例も挙げておく。

「高い時計」＝「高」気圧は「時計」回りの渦ということで，低気圧はその逆の反時計回り。

「元気のある子」＝地球大気の組成は窒素（N_2），酸素（O_2），アルゴン（Ar），二酸化炭素（CO_2）。「元気」は大「気」の「元」。「のある子」は化学式「N_2 O_2 Ar CO_2」をローマ字読み。比率の高い順でもある。

「10種雲形」の覚え方

「健康乱れてそう，漱石」

　＝「健（巻）康（高）乱れて（乱）そう（層），漱（層）石（積）」

　まず，対流雲2つは覚えてしまうこと。①「積雲」とそれの発達した ②「積乱雲」。次に層状雲を高い所から漢字の組み合わせで覚える。「巻」「高」「乱」「層」に「層」「積」をくっつけていく。「層」は横に広がり「積」は縦に広がるイメージ。

　　③「巻雲」　　　④「巻層雲」　　　⑤「巻積雲」

　（高雲はなし）　⑥「高層雲」　　　⑦「高積雲」

　（乱雲はなし）　⑧「乱層雲」　　　（乱積雲はなし）

　⑨「層雲」　　　（層層雲はなし）　⑩「層積雲」

　以上，10種。

※雨を降らせるのは「乱」という漢字の入った②「積乱雲」と ⑧「乱層雲」のみということも覚えよう。

「雨の強さ」の覚え方

　気象の世界での区切りは〇〇以上〇〇未満で，例外は波の高さだけです。

① 　1時間雨量20ミリ以上30ミリ未満は「強い雨」→**「兄（2）さん（3）強い」**

② 　1時間雨量30ミリ以上50ミリ未満は「激しい雨」→**「産（3）後（5）は激しい運動禁止」**

③ 　1時間雨量50ミリ以上80ミリ未満は「非常に激しい雨」→ これは「50〜80喜んで！」という過去の生命保険CMにあやかって**「50〜80非常に激しく喜んで！」**

重い参考書も「勉強しなければ」という負荷に

　仕事との両立は，もうやるしかない。勉強を諦めないための自らへの負荷と
してローンを組んだのと同じく，毎日どの仕事現場にも分厚い参考書を持って
行った。移動中や空き時間には勉強。せっかく重たいのに持ってきたのだから
勉強しようという気持ちになる作戦だ。

　仕事が不規則で勉強時間はバラバラだった。勉強ばかりしていたのではなく，
ヒューマンアカデミーの飲み会には頻繁に参加していた。「仕事：息抜き：勉強」
で「５：１：４」くらいのパワーバランスかな。

試験前・試験当日について

　天気予報の専門家の試験なのに，なぜか最も暑い時季８月と最も寒い時季１
月に実施される（３月や11月に実施すればよいのにね）。試験前はよく寝ること。
体調管理が大切。

　試験当日は受験仲間が試験会場に多数いたので落ち着けた。集中力を保つた
め，チョコレートを持参した。昼食もあらかじめ持参するのが賢明だ。

合格後，気象キャスターに

　合格してよかったことは，気象キャスターとして天気予報の解説を仕事にで
きていることだ。といっても，実はその道は険しかった（合格後３年間も何も
なく，ペーパー気象予報士になるところだった……その話はまた別の機会に）。

　人気漫画森田まさのり著の人気漫画『べしゃり暮らし』（集英社）に，以下
のような芸人養成学校での学長のセリフがある。

　「たった一つだけ確実に売れる方法があります。それは……，絶対に諦め

ないこと！ しがみつくこと！」

　まさにその通り。絶対合格する方法は合格するまでやめないことなんだ。

Message

　気象予報士資格の活かし方は気象キャスターだけでははない。気象災害で亡くなる尊い命は，猛暑による熱中症も含めれば年間1,000前後もある。民間気象会社や行政機関の一員として，今後，毎年どこかで発生する気象災害の防災・減災に尽力することもできる。私と同時代に必死に楽しく学び，合格した仲間たちは今も全国で活躍している。その活躍に刺激を貰う日々。次は読者のみなさんの番です。お待ちしています。

サーファーからNHK地方局の
気象キャスターに

気象予報士
NHK徳島　気象キャスター

藤野勝成 Katsunari Fujino

出演ラジオに，文化放送・NHK千葉，ニッポン
放送（台風など荒天時の臨時放送）など。出演テ
レビに，テレビ東京 TXNニュース，NHK徳島
放送局「とく6徳島」（月〜金）。

【受験歴】

回数	一般	専門	実技
1	○	×	×
2	免除	×	×
3	免除	○	×
4	×	免除	×
5	○	免除	○

結婚を認めてもらうため気象予報士試験受験！

　気象予報士試験を受験したきっかけは，恥ずかしながら彼女と結婚をするためでした。サーフィン業界で働いていた時にできた彼女で，ご両親に結婚の挨拶に行ったところ，「あなたのような男にうちの大事な娘はやれん！」と大反対されたのです。

　「結婚を認めもらうために何か結果を出そう」と考えました。資格を取ってそれを活かした職に就こうと決めました。幼いころから自然が好きだったので，気象予報士試験を選びました。

元スポーツ少年，初めての猛勉強に苦戦

　意気込んで参考書を買ったものの理解ができず，講座を申し込みました。1年半，学校に通いました。

　大気の熱力学に出てくる物理の計算が苦手でした。最後まで克服できませんでしたが，計算だけを集めた問題集を購入して練習しました。

　ボイスレコーダーに授業の内容を録音し，何度も繰り返し聞きました。また8年分の過去問をやりました。

　中学から高校はグラウンドを駆け回ってスポーツに明け暮れた元スポーツ少年で，正直すべての科目に苦労しました。過去問の答えを覚えるのではなく，解説を見ながらなぜそうなるのかを理解するまで繰り返し続けました。

　計算問題は，ある程度考えて答えが出なければ講師や受験仲間に聞くようにしました。数学・物理を一から学ぶつもりで参考書を買ったことがありますが，効率が悪いと感じました。

　暗記は，ゴロ合わせやイメージを活用しました。例えば「1時間雨量20ミリ以上〜30ミリ未満の強い雨」は，兄さん（に〜さん2〜3）は強い。「30ミリ以上〜50ミリ未満の激しい雨」は，産後（さんご35）はハゲ（激）る！など。それからトイレの壁に天気マークの表を貼り付けて覚えました。

仕事の時間以外をすべて勉強に

　仕事が1番，それ以外の時間は最優先で勉強に使用していました。普段，のんびりしていた時間や遊んでいる時間を勉強に当てただけです。なかなか慣れませんでしたが，「試験に合格する人は，私が今のんびりしているこの時間も必死に勉強をしているはず！」と考え遊び時間をなくしていきました。仕事は10時〜20時くらいで，22時〜1時に勉強していました。休みの日は，勉強時間は午前2時間，午後4〜6時間くらいでした。

試験当日のポイント

　試験前日は勉強をほとんどせず，心と体をリラックスさせてゆっくりと過ごしました。当日は，確認する意味で，暗記物をさっと目で追いました。

　択一は，解くのに時間がかかる場合は次にすぐ移り，解けそうな問題から優先的に進めました。迷って飛ばした問題は試験後半に時間を調節しながら解きました。

　実技はストーリー（問題の流れ），出題者が何を答えさせようとしているのかを考えながら解きました。例えば問3で，(1)〜(4)の小問題があった場合，順に(4)まで解答したあと，問3全体の流れが合っていなければ，(2)や(3)の答えを修正しました。

合格して結婚を認めてもらう

　大反対されてから資格取得と就職までの期間は約3年かかりました。彼女の両親はとっくに別れていると思っていたようです。リベンジに行った時は「またおまえか！」とびっくりしていました。その後の経緯を説明したあとは，「あれからよく頑張りました」と言われ，無事に認めてもらうことができました。

現在，娘が2人います。厳しかった彼女の両親も，今では娘2人を可愛がる優しいおじいちゃんとおばあちゃんです。これが合格して最大のよかったことです。

Message

　先生に「合格する人，しない人の違いは覚悟を決めるか決めないかの差ではないかと思う」と言われました。簡単なことではありませんが，覚悟を決めたあとはひたすら取り組むだけです。他人からは辛そうに見えても自分ではそう感じず，楽しく思える環境を保つようにしていました。

　勉強に費やす時間やかかる費用が増えるほど「これだけやって受からなかったらどうしよう」と不安になります。今振り返れば，合格に近づいている証拠だったのかなと感じています。

　約2年ひたすら勉強して4回目の試験で落ちたときは正直心が折れました。それでも諦めなかったのは屈辱的な思いからの見返す気持ちや，やはり必ず合格するという覚悟があったからです。

　狭き門ほど開けると大きな世界が広がるといわれています。実際にそうでしたし，辛いのは自分だけではありません。頑張ってください。天気が分かるようになると楽しいです。ぜひ，気象予報士仲間になりましょう！いつかお会いできる日を楽しみにしています。

気象予報士
合格体験記5

民間気象会社に転職し，好きなお天気に囲まれる日々

気象予報士

倉田 侑 Yu Kurata

株式会社ライフビジネスウェザー気象予報部所属
（平成25年～令和3年7月現在）。

【受験歴】

回数	一般	専門	実技
1	○	×	×
2	免除	×	×
3	免除	×	×
4	×	×	×
5	○	○	×
6	免除	免除	○

気象予報士になった原体験

　小さい頃から，多くの人の役立てる仕事に興味がありました。また，本やテレビなどの影響から，地震などの災害や戦争への恐怖感が大きく，なにかが起こったときにいつでも避難ができるように，避難場所を考えたり自分の大切なおもちゃなどを鞄にまとめたりしていました。

　小学校の頃，遠足から学校への帰り道に，雨も風も強かったので，台風中継のリポーターのものまねをしました。すると同級生が面白がり一緒にまねをして遊びました。それが「お天気って楽しいな」と思ったきっかけです。

　また，パン屋でレジのアルバイトをしていた大学時代，パン屋のおじいさん社長が夕方ごろに有線のAMラジオを流していました。気象情報のときにラジオのボリュームを上げるのですが，気象予報士のわかりやすい気象解説に感心しました。その社長は「177」の天気予報電話サービスも利用していました。明日の天気を確認してパンをどれくらい作るか決めているのです。「お天気って，お店の経営の判断にも使われるんだなと」と意外でした。

　大学では貧困問題を専攻していたのですが，国際的な戦争やテロなどの争いは，気候変動などさまざまな原因による貧しさを1つの背景として起こっていること，豊かな生活を構築しにくい環境下で起こることを学びました。そのとき，防災やインフラの整備など基本的な生活の基盤を整えることが，豊かになることには欠かせないと感じました。

　このような経験や学びを通して，気象予報士になって天気予報や防災に携わりたいと思うようになりました。

独学に苦戦

　独学で勉強をはじめました。白木正規著『百万人の天気教室』（成山堂書店）を一通り読んで過去問を解きました。ただ，文系出身で数学や地学をあまりしっかり勉強してこなかった私は，試験問題の解答方法のコツが全くつかめませんでした。参考書の内容がそもそも難しく，開くと眠くなってしまうということが多々ありました。

　熱力学の項目で出てくる乾燥断熱減率や，大気の運動のコリオリ力など，お

天気とどういった関係があるのかが理解できず，私には気象予報士は向いていないのかなと落ち込むこともありました。

その後，クリアが開催する通学講座に半年通ったり，ハレックスの試験直前の短期講座に通ったりしましたが，合格を狙えるレベルではありませんでした。今思えば，根本的な数学や物理の知識が不足し，授業を有効活用できていませんでした。

苦手な計算の克服

中学・高校生のときに数学の勉強を疎かにしてきたので，計算問題がネックになりました。小中学校で学習した面積・体積の求め方の復習をはじめ，n乗根や指数計算，三角関数，物理量などの単元を勉強することから始めました。

気象予報士試験受験支援会著の参考書『らくらく突破気象予報士かんたん合格テキスト　学科・一般知識編』（技術評論社）には付録で数学・物理の基礎が掲載されています。解説を読んでも理解できないときは，この付録を確認しました。インターネットでの動画視聴も学びの助けになりました。

おすすめ参考書

①中島俊夫著『イラスト図解　よくわかる気象学』シリーズ（ナツメ社）

項目ごとに漫画がかかれていて楽しく勉強ができます。本文も難しい言葉を使わずに書かれているのでわかりやすいです。気象予報士試験受験支援会『らくらく突破気象予報士かんたん合格テキスト』シリーズ（技術評論社）と一緒に使用しました。

②小倉義光著『一般気象学』（東京大学出版会）

最初は難しいですが，理解が進むと頭にすっと入ってきます。試験直前に知識の整理のために通して読みました。学科試験の問題が出題されて試験直前に確認しておいてよかったと思いました。

③ 財目かおり著『気象予報士かんたん合格ノート』（技術評論社）

　著者が受験仲間のために試験の合格ポイントをまとめたのをきっかけに出版
された本です。問題文の答え方や捉え方など，解き方のアドバイスや試験直前
の心構えなどが書かれ，自分の勉強方法の点検に役立ちます。

おすすめアプリ・ネット

　「ユーキャン　資格本アプリ」はおすすめです。また，インターネットでは
以下のサイトをチェックしました。

① 　気象庁ホームページ（https://www.jma.go.jp/jma/index.html）
② 　地球気（https://n-kishou.com/ee/）

　日々の専門天気図がダウンロードできます。「実況天気図」や「予想天気図」
を印刷して，自分なりに今後の天気がどうなるかを予想をたててみて「解説資料」
で答え合わせをしてみると実技試験対策にもなります。

③ 　Twitter「中島俊夫　気象予報士講師　@kishou_nakajima」

　毎日，気象予報士試験までのカウントダウンや，受験要項のお知らせなどの
ほか，試験勉強をするにあたってためになる情報が発信されています。

過去問

　『気象予報士試験精選問題集』（成山堂書店）は項目ごとの確認用に使用しま
した。また気象業務支援センターホームページの過去の試験問題と解答例には，
過去10回分（5年分）の試験問題が掲載されていますので，直近の問題傾向を
知ることができます（http://www.jmbsc.or.jp/jp/examination/examination-7.
html）。

　天気予報技術研究会『気象予報士試験模範解答と解説』（東京堂出版）は，
過去20年分ほど購入し，ひたすら解きました。解説も丁寧で役立ちます。理
解できないときは，インターネットで調べたりしました。

おすすめの文房具

AQUADROPsのツイストノートは，ルーズリーフ型ノートで，シートの抜き差しが簡単にできるところが重宝していました。また，前線解析のときは，採点者が明確に判断できるように色が濃く太い４Bのえんぴつがおすすめです。

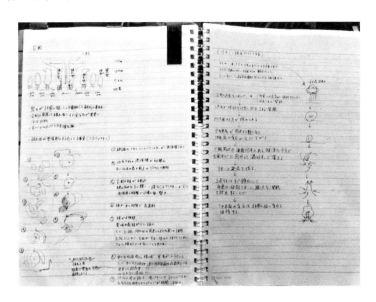

勉強と仕事の両立

学科試験・実技試験ともに，直近３年分の過去問を3回繰り返し解くことに決めました。仕事のある日も無理なくこなせる量を設定し，問題を解き，採点をしました。細切れに，ある日は第49回試験の実技試験１のみ，ある日は48回の専門のみなどとしました。

勤務体系はシフト制で日中（10：30〜19：30），午後（14：30〜23：00），夜（23：00〜8：00）の勤務でした。日中の勤務であれば，７時に起床して朝の９時まで勉強して，仕事が終わり夕食をとり，20：00〜22：00頃まで勉強をしていました。午後と夜の勤務のときは，午前中に集中して勉強を行っていました。仕事のある日は２〜３時間，休みの日は１日に７時間前後の勉強時間を確保していたと思います。

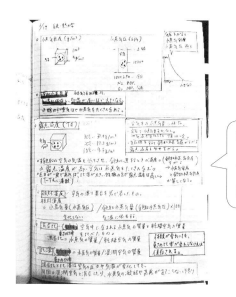

通勤時間は，自分でまとめたノートを開いて知識の整理をしたり，ユーキャンの資格本のスマートフォンアプリを開いたりして，多くの問題に触れるようにしていました。

勉強場所

　家だと眠くなるので，カフェやファミレス，コワーキングスペースを利用して勉強をしていました。印刷やWi-Fi，空調環境の整っているコワーキングスペースはおすすめです。

試験月は制限時間を設けて過去問を解く

　試験に合格した時の科目は，実技試験のみだったので，他の予定を極力入れず実技試験に集中しました。過去問5年分を10月から12月に3回解くようにスケジュールを立てて勉強しました。

　試験の月は，スマートフォンのアラーム機能を使い制限時間を大問ごとに設けて解きました。大問の数はその回によって異なるので，大問が3つなら一つの大問につき20分で解く，4つなら15分で回答するなど具体的にかけられる時間を割り出して，練習しました。

　「試験中できないと悔しい思うことは何か」を考え，悔しいことに順位をつけました。私が考えた最も悔しいことは空白の提出で，何が何でも埋めて提出しようと思いました。次に，ケアレスミス。例えば，「鉛直方向」が「沿直方向」

になっていたり，風の流れに「直交」する走向を持つ帯状の雲が風の流れに「直行」する走向を持つ帯状の雲，になってしまっていたりというような漢字の書き間違いなどは悔しいです。＋などの符号をつけるのかつけないのか，整数なのか小数を書くのかなど出題条件に沿っていない答案も悔しいです。このようなミスを防ぎ，１点でも多く得点をあげようと考えました。

体調管理

　机に向かっていると肩がこりやすくなるので，湯舟につかったり，定期的にマッサージに行ったりして，体調を整えることも大切だと思います。

　試験当日にどう行動するかのイメージトレーニングも行い，体調を崩さないように，規則正しい生活を送るように心がけました。ベストコンディションで迎えられるように，直前期は生ものは食べないようにして深夜０時には就寝することを心がけました。前日はお休みをいただき，基本や間違えた問題の復習をしたり，『一般気象学』を一通り読んだりして，頭の整理をしました。

合格後，民間気象会社で仕事

　合格して，先生や家族，職場，友人が喜んでくれたことがすごくうれしかったです。

　転職して民間気象会社で仕事をすることになりました。日々の天気原稿の作成や，建設業界向けに防災情報のコラムを執筆，桜の開花予想など多岐にわたる仕事をしています。最近では，データサイエンスを学び，気象と商品の売れ行きの関係の分析などもしています。クライアントから，わかりやすかったと言われたり，予報が当たると充実感があります。

　この業界は，個性的で努力家な方が多く，刺激を受けることが多いです。気象予報士だけで構成される劇団「お天気しるべ」への助っ人出演も果たし，演劇という新たな扉を開くこともできました（笑）。

　目指した時から合格までに10年以上かかってしまいました。大きな原因は「復習が足りなかったこと」と「計画性がなかったこと」だと思っています。一通り勉強したけど合格できないという方は，参考にしていただきたいです。

　復習が足りていないとなぜいけないかというと，学んだはずの知識が頭に定着しないからです。似たような傾向の問題を繰り返し間違えてしまうのは，その問題が理解できていないからです。試験問題はある程度パターン化されて出題されますので，間違えた問題を大事にしましょう。

　問題に対して一段深い理解ができるようになり，腑に落ちる体験が積み重なると，気象学を体系的に理解することができるようになります。知識が芋づる的に結びついてくるのです。

　仕事などとの両立は大変です。無理のないスケジュールを組み，勉強の進捗度を定量的に確認しながら，過度に焦ったり落ち込んだりせず続けるしかありません。

　ある先生からいただいた，「試験に一発で合格できなくても，あきらめず居座り続ければいつかは合格できる」という言葉が心の支えになりました。ぜひ，あきらめず自分らしい勉強方法を模索して合格を勝ち取ってください。そして，一緒に気象業界を盛り上げていけたらうれしいです。

「カマキリ博士」，昆虫や天気の
面白さを子どもに伝えるため起業

昆虫科学研究センターISRC 代表
気象予報士

渡部 宏 Hiroshi Watanabe

1982年生まれ。気象予報士（登録番号：5039）・
博士（農学）。近畿大学農学部 博士後期課程修了後，
非常勤講師に。帝塚山大学現代生活学部環境学非
常勤講師，京都大学生態学研究センター機関研究
員・ポストドクター，箕面公園昆虫館非常勤職員。
ヒューマンアカデミー気象予報士講座アシスタン
トも務める。

【受験歴】

回数	一般	専門	実技
1	×	○	×
2	○	免除	×
3	免除	免除	×
4	免除	○	○

カマキリ博士としての研究から気象に興味を持つ

　みなさんはカマキリがユラユラ揺れる動きをすることはご存知でしょうか？

　３歳の頃にカマキリと運命の出会いをし，幼稚園に毎日連れて登園するような少年でした。

　カマキリの特異なユラユラする動きに魅了され，「この行動は風で揺れる葉に擬態した隠蔽効果があるのではないか？」という仮説を立てました。

　野外で観察すると，風が弱いときは微動だにせず，風が強くなると体を揺らしながら動き始めます。風に反応した行動パターンは，エサを捕獲する際の接近時にも見られ，風が強くなった時に一気にエサまでの距離を縮めます。

　このように昆虫の行動と気象の密接な関係について知り，気象予報士の資格取得を考えるようになりました。

　また，カマキリの研究で博士号を取得するには，就職せずに最短でも９年大学に通うことになります（大学４年間＋修士課程２年＋博士課程３年）。母から「何か資格を持っておいたら？」とすすめられ，大学１回生から気象予報士試験の勉強を本格的に始めました。

参考書が読み切れず勉強方法を変える

　受験勉強を始めた当初は，分厚い参考書を買って読みましたが，難しいうえに試験に出る箇所もわからず遠回りだと気がつきました。

　そこで，過去問を解いて問われた箇所について参考書に線を引くスタイルに変えました。そうすることで，メリハリをつけて参考書を熟読できるようになりました。

　全てを網羅して理解するのは，時間的にも容量的にも厳しいです。過去問→参考書という逆パターンで勉強するのはおすすめです。

理系だけど数学・物理が苦手

　また，私は理系でありながらあまり数学・物理が得意ではなく，難しい数式を見ては，嫌な気持ちになり暗記に頼って乗り切ろうとしていました。

　専門学校に通うと，先生が丁寧に数式の意味まで教えてくれたことで，単位の

意味まで考えられるようになり難しい式も少しずつ理解できるようになってきました。

　専門学校の利点は，やはり直接対面で質問できることです。つまずきそうになった時に支えてくれる先生がいることは大きいと感じました。もちろん，1人で勉強する時間の方が圧倒的に長いので，自身で苦手な分野を克服することも必要ですが。

お試し受験で学科専門に独学合格

　専門学校に入って半年後の1回目の気象予報士試験に向けて，学科の一般・専門を両方合格できるように勉強に励みました。

　いわゆる「お試し受験」ですが，合格する気持ちでいくべきです。学科試験が1つでも受かれば免除が増え，他の対策に手が回るからです。幸い，1回目の試験で，学科専門に独学合格しました。まだ専門学校で習っていない箇所で，周りから驚かれましたが，このアドバンテージは大きく，学科試験に関しては1年でコンプリートすることができました。

　3回目の試験は，実技だけに集中でき，過去問，専門学校でのオリジナル問題，特別講座等をこなし挑みました。しかし，撃沈しました。

　実技試験の対策ばかりで，学科でやった基礎がおろそかになっていることに気がつきました。そのため，4回目の試験では最初に合格した学科専門の免除が消えたこともあり，再度基礎をたたき直しました。そして，無事合格しました。

大学との両立

　大学の講義がある時は，講義の合間に勉強しました。講義後は週5でテニス，通学に2時間かかったため平日はあまり勉強していませんでしたが，週末は朝から図書館で勉強しました。

　図書館に行く前に，やるべき過去問を印刷して持っていき，午前は学科試験（一般）を15題解いて解説を熟読し，参考書にマーカーを引いたり，白い紙に図を描いたりして必死に理解しようとしていました。

　昼食後は眠くなるので20分ほど伏せて昼寝をし，午後は学科（専門）を

同様に15題解きました。

　図書館の閉館が17：00で，いったん勉強は中断し，21：00まで開いている公民館に移動し閉館まで勉強していました。部屋では勉強に集中できないタイプで，図書館，レストラン，ファストフード店，カフェを転々としていました。

　学生にとって夏休みは勉強ができるチャンスで，7月後半から8月のサークル活動がない日は，9：00〜21：00まで勉強していました。

　社会人だと，勉強する時間が限られます。しかし，専門学校でアシスタントをしていた時に，アナウンサーの方が受講されていて，非常にタイトなスケジュールにもかかわらず空いた移動時間等も勉強に打ち込み，クラスで誰よりも早く合格されたのを目の当たりにしました（限られた時間の中でしか勉強できないことから，おすすめの教科書，問題集，やる順番等々，事細かく質問されていました）。

　勉強のスケジュールは人それぞれです。時間があるから合格できるものではありません。タイトなスケジュールでも，効率よく集中して勉強に励めば，合格は可能です。

試験当日はメンタル・食事をコントロール

　試験当日は，とにかく周りの受験生が賢そうに見えます。よく「周りの人を野菜と思いなさい」とか言いますが，私は野菜に置き換えることはできませんでした。そこで，自分自身が1番合格に近く，自分が作り上げてきたノートがこの世で1番の教科書と思い込むようにしました。

　また，食後眠たくなる体質なので，昼ごはんはバナナ・ゼリーにしました。そして，試験前・間では糖分摂取と緊張緩和のためにガムを噛んでいました。

　気象予報士試験は長丁場で，実技2の頃には体力・集中力が切れます。そこで栄養ドリンクも持参しました。しかし，栄養ドリンクはトイレが近くなるので，1本を1日かけてチビチビ飲みました。

　更なる問題は部屋の温度です。試験では「カーッ」と熱くなります。試験官に「部屋の温度が少し暑いです」と言うようにしました。もちろん，自身の服装でも温度調節できるようにしておきました。

また，実技試験では，開始時に一斉に問題の用紙を破る音が響きます。その時間で私はまず問題の中身やストーリーを押さえました。そして，静かになったタイミングでビリビリ破きました。これも，自分の心を周囲より優位にコントロールする術です。

資格が非常勤講師の職につながる

22歳で気象予報士の資格を取得後，カマキリの行動学の研究で博士（農学）を取得しました。また，取得前（当時27歳）に帝塚山大学から環境学に関する非常勤講師として依頼があり，面接に行ったところ，「ちょっと若すぎるかな～」と言われました。そこで，気象予報士資格を有していて，今地球上で起きている異常気象やそれに伴う生態系への影響についても話ができることをアピールしました。すると，「気象予報士の資格もってるの～！ じゃあ任せても大丈夫だね」となり就職が決まりました。偶然でしたが，資格を取得しておいてよかったと心底思っています。

気象予報士資格取得の体験話は学生たちに喜ばれます。「資格を取得するためにはどのように勉強したらよいですか？」と興味を持つ学生もいて，きっかけ作りになったのは嬉しいです。

昆虫科学研究センターを起業，子どもに向けたお天気講座も

34歳の時に昆虫科学研究センターISRCという会社を立ち上げました。昆虫を中心にした子供教室で，現在「カマキリ博士の昆虫教室」を展開しています。

コロナ禍になりオンライン教室を通じて全国展開する中で，「お天気の話が聞きたい」という要望がありました。そこで，幼稚園～小学生の子供たちにZoomを使ってオンラインお天気教室を開校しました。自身が勉強してきたことを，次の世代の子供たちに伝えていけることに幸せを感じています。

　私が専門学校で気象予報士講座のアシスタントをやっていた時，「私2年計画です～♪」と言う受験生が多くいました。正直，計画通りにいきません。2年計画の人は，絶対合格に2年以上かかります。実際にほとんど例外はありませんでした。「次の試験で絶対合格する！」意気込みでやらないと合格できません。

　私は，1回目の通称お試し受験から，学科試験を両方突破する気持ちで真剣に取り組みました。1回目はお試し受験，2回目は学科（専門）・3回目は学科（一般）・4回目は合格！　という2年計画は必要ありません。常に全力投球で頑張って2年かかりました。

　資格の取得にはメンタルが大きく作用し，絶対次の試験で受かる！という高いモチベーションを維持して一気に駆け抜けないと，何年もモチベーションを保つのは大変です。

　あと，あまり暗記に頼らないことです。地理的なことや法令等で暗記しなくてはいけない事柄もありますが，近年の試験傾向を見ると，暗記だけでは到底合格ラインに届かないくらい理解力を求められているように思います。暗記は，試験本番で応用が利かなくなるため気をつけてください。実際，暗記に頼っている人は，例えば学科試験でウィーンの変異則に当てはめたらよいだけの問題なのに，その問題の意図がわからず，点数を落としていました。ウィーンの変異則の式は暗記して覚えているが，内容を理解していないから問題文を読んでも結びつかないのです。実際，私も「ウィーンに泊まるなら2泊な！　λm＝2897（2泊な！）/T（泊まる）」と式はゴロ合わせで覚えていますが，常日頃から単位や式の意味を理解することは重要です。

　暗記に頼った勉強法から，理解に方向を向けた真の勉強法にすることで合格への道が近づきます。そして，勉強や学びの楽しさにきっと気づくと思います。

　資格取得後には様々な可能性がみなさまを待っています。資格が自分を助けてくれることもあります。未来を思い浮かべつつ次の試験に全集中で頑張ってください。

七転び八起きで合格後, 環境や気象分野のメイン 担当記者として活躍

気象予報士

安倍大資 Daisuke Abe

1985年生まれ北九州市出身。小倉高校, 早稲田大学商学部卒業後, 日本経済新聞社の記者に。気候変動問題や異常気象の担当記者として活躍する。2016年に8回目の試験で気象予報士試験合格, 同10月に登録。
2021年4月に独立し, 12年間の記者経験をもとに個人・法人向けコーチングファーム FULL YELL (フルエール) 立ち上げ。趣味は山歩き。
https://fullyell.com

【受験歴】

回数	一般	専門	実技
1	×	×	—
2	×	×	—
3	○	×	—
4	免除	○	×
5	免除	免除	×
6	×	免除	×
7	○	○	×
（米国留学で受けられず）			
8	免除	免除	○

はじめに

　気象予報士試験に7回落ち，8回目の試験で合格しました。予報士を目指そうと書店にテキストを買いに行ったのは25歳の時，合格ハガキが家のポストに届いたときは31歳でした。一時中断を挟み6年かかりました。本書をお読みになっている方は，なかなか合格できずに悔しい思いをしている方もいらっしゃると思います。私の経験をお伝えすることで，そうした「あと一歩」が続いている方の最後のひと押しになれば幸いです。

大学時代のコンプレックスからスタート

　私が気象予報士を目指そうと思ったのは，25歳，社会人2年目の冬です。根っこには大学時代のコンプレックスがありました。北九州の山あいの小中学校で育った私は高校の時，地理が大好きでした。日本とまったく異なる海外の地形や気候を知ることで，世界の多様さに触れることが好きだったからです。しかし大学受験で志望していた地理専攻の学科に合格できず，商学部に進みました。勉強に熱が入らず，大学で好きな勉強ができなかったという残念な思いがつきまとっていました。

　予報士試験は中学生でも合格している例があると聞き「遅くても2年後くらいには取れるだろう」と都内の本屋で参考書を眺めている時，まさかそこから6年かかるとは思いもしませんでした。

6回目の試験で振り出しに

　2015年1月に受けた6回目の試験で，全科目振り出しに戻りました。3回目で一般を，4回目で専門を合格し，あと一歩のところまで迫ったのに，あえなく振り出しに。不合格通知を受け取った翌日は，ショックで布団から起き上がれず「予報士を目指したこと自体，間違っていたのではないか」とうなだれました。事実上，私の受験勉強はそこから始まったと言っていいと思います。

大学受験の悪癖に気づく

　何度も落ちたのは，実力がつかない勉強を続けていたためです。勉強方法を根本から見直しました。私は大学受験の経験から，答えを暗記しがちだということに思い当たりました。暗記型の勉強をしている限り，応用力が問われる実技の壁は突破できないと気づいたのです。

　それまでは，暗記が最低限必要な十種雲形や海上警報の種類などだけでなく，エマグラムの解き方や台風の構造など原理があるものについても，とにかく暗記でなんとかする勉強方法でした。重要な概念についてもとりあえずキーワードを覚え込んでいました。

　例えば，キーワードとなる気象の概念に「潜熱」があります。「なぜ地上の気温が３度以上でも湿度が低ければ，雪は溶けずに落ちてくるのか？」と問われたとします。過去問の解答に「雪から潜熱が奪われて雪片表面の温度が下がるため」という記述を見て，私はそのフレーズをまるまる覚えるような勉強方法をしていました。そのため，問いがそのままでしたら点は取れるのですが，「周りの空気と潜熱の関係を説明せよ」といった少しでも論点をずらされた設問が出ると解けなくなることを繰り返していました。大学受験のときに身についてしまった「暗記型」の弊害でした。

「なぜ，どうして」を徹底

　悪癖に気づき，暗記を徹底的にやめました。代わりに徹底したのは「なぜ，どうして」です。答えが合っていても，どうしてその答えになるのかという理由に着目することを心がけました。先ほどの潜熱についても，潜熱がそもそもどういうものかなどといったことについて基礎のテキストに立ち返って理解するようにしました。基礎をきちんと理解していれば，少し変わった問題が出ても対応できるからです。

　私はそれまで６回の試験で作っていた「一般」「専門」「実技」それぞれの解答ノートをやめました。解法などをノートにいったん書いてしまうと，それを覚えようとしてしまうからです。ノートに残さず，一問一問の解答の根拠を徹底的に理解するようにしました。

問題作成者の意図を考える

　「なぜ，どうして」を徹底しているうちに，1つ変化を感じてきました。問題作成者がなぜこのことを問いにしているのか，おぼろげながらわかることが出てきたことです。特に実技の場合は，顕著にわかる時があります。なぜかといえば，実技の大問はストーリーでできているからです。

　例えば，台風が日本の太平洋沿岸に近づいている天気図があったとします。大問の流れを見てみると，48時間後の位置を聞き，次に上空の風向風速の話が出ていて，終わりの方で局地的な気象災害などとなっています。どうやらこの台風が日本に与える影響をマクロからミクロへ向かってみていく流れだとわかります。小問は次なる小問の手掛かりになる場合が多いのです。そうした問いの意図をつかむことで，ある程度解答の幅を絞りこむことができます。もちろん流れに沿わない問いもありますが「問題作成者はなぜこれを聞いているのか」を考えることで，解答を大きく外すことが少なくなりました。

　逆に，問われていないことを解答に書いてもまったく点にはなりません。受験期間が長くなると知識も増える分，独自の解答を書きたくなります。しかし，解答自体がどんなに素晴らしくても問いに答えていなければ0点です。問われていることをきちんと理解できれば，文章が整っていなくても，キーワードを入れることによって部分点を稼げます。予報士の実技試験は，問いが何を求めているのか理解する読解力が，単なる気象の知識以上に重要なのです。

　合格体験記を読むと「実技の過去問を何度も何度もやる」といったことが書かれていることが多いと思います。それは半分あっていて，半分は舌足らずだと思います。何度もやっても同じ間違いをしては意味がありません。逆に正解しても，その根拠がわかっていなければ，少し異なる問題が出た時にたちまち解けなくなります。「なぜ，どうして」を繰り返し，基礎的な理解を1つずつ積み重ねることが，少し変化球を投げられてもきちんと打ち返せるだけの解答力につながるのです。

勉強していると，どうしても気持ちが乗らない時もあります。そうした時は合格体験記を読んでいました。NHKのニュースウォッチ9の当時の気象キャスターだった井田寛子さんの『気象キャスターになりたい人へ伝えたいこと』(成山堂書店)は繰り返し読んでいました。井田さんも挫折しそうになりながら，5回目でようやく合格できた話を読み，もう少しだけ頑張ってみようと気持ちを奮い立たせました。

家庭教師つけてラストスパート

　振り出しに戻った次の2015年夏の試験で，一般と学科2科目合格し，再び実技を残すだけになりました。

　ところが，思わぬ事態が起こりました。会社の研修で米国留学が決まったのです。期間は12月から翌年3月までです。留学自体はありがたいのですが，1月の試験と被ってしまいます。迷いましたが米国留学もめったにできない経験です。意を決して，ラスト1回の夏の試験にかけることにしました。

　帰国後の4カ月は，大学受験以上に根を詰めました。家庭教師の先生をつけて，毎週末カフェでマンツーマン指導を受けました。解答の根拠をしつこいほど繰り返し説明するようにしました。これによりあやふやなところがはっきりし，知識の厚みが増しました。予備校などに通っている方も，理解できないことは講師の方から直接聞くなどして，粘り強く学びを深めることが大事だと思います。

通勤時間は暗記の時間

　気象予報士試験は1点の差が合否を分けることもあります。暗記しないと決めても，やはり試験まで残り1カ月ほどとなると必要最低限しなければなりません。ただ，時間をかけたくはありません。私が考えたのは，通勤時間は暗記に集中するということでした。

　満員の電車内でも指先だけでめくれる縦2センチ，横5センチくらいの単語帳を買い，そこに「波浪を高くする3要素は何か」や「気象衛星画像の解像度は」といったポイントを書きました。それを行き帰りに繰り返しめくりました。

単語帳は最終的に5つになりました。

実技試験に3度阻まれ，あまりに悔しかったので臥薪嘗胆の思いで試験会場となる大学の近くの賃貸に住んでいました。毎日ランニングしては，大学正門の前で手を合わせて合格祈願をしていました。

記者の仕事はニュースを追うため，突発的な取材が日中に入ることも少なくありません。そのため平日は朝早い

単語帳はあわせて5つになった

時間を勉強時間にあてました。どんなに時間がなくても朝10，20分でも勉強する時間を作ることが大切です。

土日は気分を変えるためカフェやレストランを3，4軒ははしごしました。朝に自宅で2時間，朝食をとってカフェで3時間，ランチを食べてそのまま4，5時間といった流れで9，10時間くらいは勉強しました。勉強した時間を毎日パソコンに記録し「これだけ徹底してやったのだ」と自分に言い聞かせるようにしていました。本番の試験の2カ月前，ハレックスの模擬試験を受け，1年前の合格判定がDだったのが，A判定を取ることができ，自分はこの1年で力をつけられたのだという自信になりました。

自信を持ち8回目の試験に

そして2016年8月28日の試験当日は「自分が受からなければ誰も受からない」という自信をもちのぞみました。しかし，実際は苦戦しました。実技1，2は片方が難しければもう片方が易しいというパターンが多いと思います。実技1が難しく感じられたため，2の方は易しめなのかなと思いきや，それ以上のレベルでした。切離低気圧の読み取りが試される変則的な出題内容でした。実技試験では普段，受験生がペンで解答用紙に書き込む音が終始聞こえるのですが，開始から30分くらいたつとその音がほとんど聞こえなくなってきました。やはり他の受験生も苦労しているんだろうなと思いました。ただ私は6年分の悔

しさをとにかくここで晴らすのだという強い思いだけがありました。風雨の中，険しい山道を進む登山者のような心境でした。試験時間が終了した直後「難しかったが，やるべきことはやれた」というのが率直に出てきた思いでした。

　10月7日の夜，会社から帰宅して自宅の郵便受けを開けると，一通の葉書が入っていました。表紙に「合否通知在中」と赤枠で囲われた文字のある気象業務支援センターからの葉書です。震える手で，その葉書の閉じしろを開くと次の一文が飛び込んできました。「上記の受験者は，第46回気象予報士試験に合格したことを証明する」。スーツ姿のまま玄関先に崩れ落ちました。うれしさより，ほっとした気持ちでした。

　実際に，私の受験した第46回試験の合格率は，過去最低クラスの4.1％，合格者は過去2番目に少ない127人でした。平均の5.5％（20年時点）より大きく低い割合です。そこに入り込めた勝因は，なにより「なぜ，どうして」にこだわったことです。8回の受験を通じ，自分のものの考え方が「やみくも暗記型」から「なぜ，どうして型」に変わり，物事を深く理解しようとする姿勢を身につけたことが最も大きな成果だと思っています。

合格後に変わった人生

　合格して，私の人生は確実に変わりました。合格の1年半後，環境や気象分野のメイン担当記者になりました。異常気象や気候変動問題に注目が集まっている時で，政治や行政，企業，NGO団体などを取材して回りました。名刺に「気象予報士」と入れたことで，「安倍さん，予報士なんですか」と覚えてもらいやすくなりました。19年12月にスペイン・マドリードで開かれた気候変動の国際会議の取材も経験させてもらいました。通常1年で交代する環境省記者クラブの担当を3年できたのは，やはり予報士の資格をとったことで「安倍は環境や気象に詳しい」と，人事に配慮されていたからだと思います。

　もう1つよかったことは，予報士という共通項によって仕事以外のネットワークが広がったことです。公務員やアナウンサー，電車の車掌，飲食店経営の方，NPO法人の方，お笑い芸人，ギタリストなどさまざまな立場の方と交友関係を

持つことができました。18年には予報士だけで構成する劇団「お天気しるべ」の舞台にも出演させていただきました。さまざまな方と仕事以外で関わる中で，新聞記者ではない生き方もできるかもしれないと思うようになりました。

　21年4月，私は環境省記者クラブの担当を終えるとともに，12年勤めた新聞社をやめて独立しました。新聞記者としてやりたいことはやりきれたという思いがありました。私は気象を含めた自然そのものと同じくらい「自然体でいる人」も好きです。これからは「心の自然」に向き合うコーチングサービスを届けていきます。

Message

　独立という大きなチャレンジに踏み切れたのも，気象予報士試験をやり切ったからに他なりません。私の場合は背水の陣でのぞんだ8回目の試験が最大の試練でした。結果は「七転び八起き」となりましたが，これが不合格だったら「七転八倒」して諦めていたかもしれません。この瀬戸際の試練を乗り越えられたことは，自分の人生に大きな意味があったと思っています。予報士試験を通じて得られたのは，気象の知識以上に，自分を信じる勇気なのかもしれません。

　私は，予報士試験に挑んでいる受験生を尊敬します。大学受験や就職活動など世の中の流れに合わせた試験とは異なり，自分の意思で試練に立ち向かっているからです。私には険しい山にあえて登ろうとする果敢なクライマーのように映ります。困難を乗り越えて合格という頂に登り詰めた時，これまで見たことのない景色が広がっていることをお約束します。心ふるえる壮大な景色を前に，歓喜の雄叫びをあげる日はすぐそこまできています！

CAとしてフライト中に
空に興味を持ち，資格取得！

気象予報士

林 満奈美 Manami Hayashi

青山学院大学卒。既卒で航空会社に入社し，約10
年客室乗務員として勤務。約5年かけ気象予報士試
験に合格。

【受験歴】

回数	一般	専門	実技
1	○	×	×
2	免除	×	×
3	免除	×	×
4	○	○	×
5	免除	免除	×
6	免除	免除	×
7	×	×	×
8	○	×	×
9	免除	○	×
10	免除	免除	○

CAとして勤務する中，気象に興味を持つ

　客室乗務員として勤務する中，自然と空に興味や疑問を持ち始めました。地上ではこんなに雨が降っているのに，ひとたび上空に行けば真っ青できれいな空が広がっているのはなぜ？　水平飛行に入りとても天気が良くみえるのになぜこんなに揺れてるの？　向こうの空に見えるあのでっかい雲は何？　夏と冬で飛行時間に差が出る理由は何なのか？　など。

　空のことをもっと知りたくなり，気象予報士試験を受験してみることにしました。早速，通信教育に申し込み，意気揚々でしたが，教材を開くとあまりの見慣れぬ単語や数式にやる気を失くしました。「これでは一生気象予報士になれない」と予備校に通うことにしました。

過去問に答えを直接書き込んで暗記ノートに

　一番使ったのは過去問です（他にも参考書や，ユーキャンの一問一答のアプリを電車の中で使いました）。合格者に教えてもらい，過去問には直接答えを書き込み冊子化しました。実技試験の過去問を解き，その後模範解答を「なぜそのような解答になるのか」を考えつつ書き込みました。そうすると，今まで何回も解いてきたはずの過去問にもかかわらず，新しい発見や，だからこの模範解答になるのかという気づきがありました。

実技問題を冊子化した暗記ノート

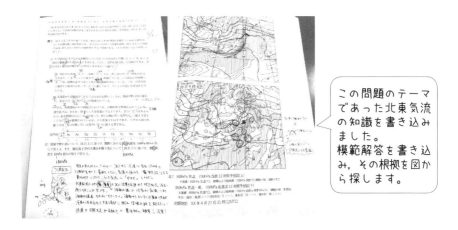

この問題のテーマ
であった北東気流
の知識を書き込み
ました。
模範解答を書き込
み，その根拠を図か
ら探します。

暗記の工夫

　暗記は，ストーリー仕立てにしたり，ゴロ合わせを活用したり，地道に何度
も書いたりしました。例えば，雨の強さは予報用語が5つに分かれており，頭
文字をとって『やつはひも』と覚えました。風の強さは4つに分かれており，
『やつひも』と覚えました。

　また，ストーリー仕立てとしては，地域特有の風の『○○だし』や『○○お
ろし』がありますが，四国沖を発達した低気圧や台風が通る際，岡山県の奈義
町付近で北よりの風が強まる広戸風は『岡山広戸くんは冷たい』と覚えました。
発達した低気圧や台風が通る際，愛媛県東部で吹く南よりの強い風のやまじ風
は，そのまま覚えました（笑）。広戸風とやまじ風がごっちゃになることがあっ
たので，とりあえず1つを覚えました。

　その他，雲記号や雲量，天気記号などは紙とペンがあれば，隙間時間でしょっ
ちゅう書いて覚えました。

学科（一般知識）の対策法

　過去問の特定項目を（例えば問1だけ）数年分一気に解きました。大気の構
造や数式，法令がメインであり，あまり気象や天気を感じられる科目ではない
ため，勉強のモチベーション維持が難しかったです。とはいえ，避けて通れな

いので，過去問を解きまくりました。勉強する日，項目を1つか2つに絞り（例えば，今日は法令だけを解くと決める）それを数年分解くという方法をしました。

法令で言えば，4問出題されるので，5年分をやるとなると，それだけで40問解くことができます。自ずと繰り返し出題される箇所や自身が苦手な箇所が見えてきます。そこから「この文章のこの部分が間違っているから誤りである」ことを教材や解説を読んで見極めます。法令に限らず，一問一問丁寧に向き合うことが重要です。

学科（専門知識）の対策法

専門知識は天気予報を感じられる科目ですが，日々進化して過去問が通用しない場合もあります。気象庁のホームページを頼りにしていました。

ホームページでは，過去問で出題された箇所を探し，知識を増やしました。例えば「竜巻発生確度ナウキャスト」の過去問があるとします。いつのタイミングで発表されるか，格子間隔や有効時間，確度1と確度2の具体的な違いは何か，などどんどん掘り下げます。そうすると派生して「竜巻注意情報」や「竜巻などの激しい突風」や「突風分布図」とのつながりも見えてきます。

ちなみに，一般知識も専門知識も2択で迷った際は，第一印象，直感に頼るべきです。私は何度も痛い目にあいました。よくよく考え直して，絶対こっちが正解だと思ったのであれば，解答を修正してもよいのですが，迷う場合は，最初のほうが合っていることが多いです。

実技試験は問題文の読み方を工夫

限られた時間の中で，問題文の意図を理解するのに苦労しました。問題文の中に解答のヒントは必ずありますので，それを見つけて答えを導き出すしかありません。

有効だったのが，問題文で聞かれているポイントをシャープペンシルで丸付けしながら解く方法です1つの問題文で複数が問われることもあり，それらをまとめつつ解答します。漏れたらその分減点なので，取りこぼしのないように

しなければなりません。丸付けで可視化することは有効でした。

　問題文同様，図にも丸付けをしました。縦軸と横軸，もっと言えば「左側と右側の縦軸で単位が違ったりします。何を聞かれているか間違えないよう，左側の縦軸は気温で，右側の縦軸は降水量か」という具合で自分自身にリマインドします。これにより凡ミスを減らすことができました。

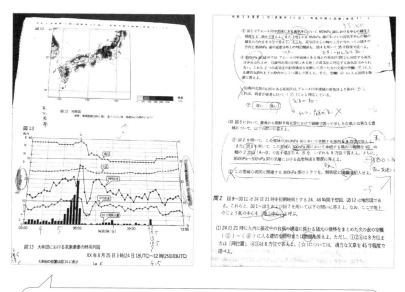

横線や丸付けしてある箇所が，実際に試験中に加筆したところです。

CAとの両立

　客室乗務員でシフト制だったので，仕事前の朝や，仕事後の昼間や夜に時間を見つけて勉強しました。2，3時間の勉強でしたが，「一般の法令を解く」「実技を1題解く」と決めてからやることで，集中できました。疲れていたり眠かったりスケジュール通りにならないこともありました。

　1日中オフの日は，図書館に9時過ぎに行き，17時頃まで勉強していました。しかし，まる1日は集中力が続きませんでした。

コロナとつわりの年に合格！

　2020年夏はコロナで休業だったり，つわりで会社を休んだりしていたため比較的勉強する時間がありました。不安であれもこれもやりたくなりますが，我慢して範囲を狭めて勉強するようにしました。

　また，試験当日は早めに教室に行き，お手洗いの場所の確認や，文房具を配置し，お菓子を食べました。直前は，雲量や，雲記号，天気記号の最終確認をしていました。実技は1点が合否を左右するので，暗記系を確認するとよいと思います。

　合格したことで，自分に自信が持てました。難しそうに見えても，努力すれば何でもできると思えるようになりました。また，家族や恩師，友人や同期も喜んでくれて，本当に嬉しかったです。

Message

　諦めなければ絶対に合格できる試験だと思います。実技試験の壁がなかなか越えられず，落ちるたびに本当に受かることはできるのか不安でした。

　合格して，「自分で課した課題をやりきった人が受かるのだ」と実感しました。ラスト22日で，毎日数時間集中して勉強する，過去問の理解を深める，その日やると決めたことは必ずやると決めて実行しました。

　合格通知が来た日は，人生で1番嬉しかったです。そんな思いを，この体験記を読んでくださった皆さまにも味わって欲しいです！　応援しています。

気象予報士
合格体験記9

銀行で働きながら2年で合格。
気象キャスターや講演など，
大きくキャリアチェンジ

気象予報士・女優

半井小絵 Sae Nakarai

兵庫県伊丹市出身，伊丹大使。早稲田大学大学院アジ
ア太平洋研究科修了。日本銀行在職中の2001年3月
に気象予報士の資格を取得し，6月に気象会社に転職。
NHK気象キャスターオーディションに合格し，2002
年4月より2年間，『関東甲信越の気象情報』，2011年
までの7年間，『ニュース7』を担当。2016年TBSラ
ジオの番組『TOKYO JUKEBOX』内で気象と生活情
報を伝える「半井お天気NAVI」を担当。現在は，気
象や防災などの講演，司会，コラム執筆のほか女優
として舞台や映画に出演するなど幅広く活動している。

【受験歴】

		学科一般	学科専門	実技
1年目	夏	×	×	×
	冬	○	○	×
2年目	夏	免除	免除	×
	冬	免除	免除	○

気象に敏感だった祖母の影響で
銀行員として働きながら気象予報士を目指す

　銀行員として働いていた時に，周りに金融のプロフェッショナルがいて，私も何か専門の仕事を持ちたいと思うようになりました。そのために何か資格を取得しようと思い立ち，気象に敏感だった祖母の影響で気象予報士試験にチャレンジすることを決心しました。

　昭和9年，小学5年生だった祖母は室戸台風の被害に遭い，倒壊した学校の校舎の下敷きになったのです。奇跡的に屋根の梁の間にすっぽりと挟まり怪我ひとつなく助かりましたが，その学校では児童41名が亡くなりました（京都・西陣尋常小学校）。

　そのため，台風の時は1日中，テレビのニュース中継を見ていて，祖母の傍らで私も一緒に台風の行方を見守っていました。気象予報士，ことさらキャスターになりたいと思ったのは祖母に解説をする姿を見てもらいたいという気持ちがあったのも確かです。

　勉強に専念するために仕事を辞めてしまうと合格への焦りが生じる恐れがあるため，あえて働きながら勉強することに決めました。

独学を断念，専門学校に通う

　資格の取得を考えた直後に書店で参考書と過去の試験問題を購入し，自力で勉強するつもりでしたが，専門用語が多すぎてどのように勉強したらよいかわからずに一度断念したのですが，専門学校（ヒューマンアカデミー）があることを知り，気象予報士講座を受講しました。専門学校に2年間通い，2年目は気象予報士通信講座（ハレックス）も受講。通信講座のスクーリングにも参加するなど集中して勉強する環境を整えるようにしました。

使った参考書など

① 参考書

　小倉義光著『一般気象学』（東京大学出版会）は気象予報士の勉強には欠かせません。改訂版が出版されて買い替え，さらに使い古してしまったので同じものをもう一冊買いました。

　また，新田 尚（監修），天気予報技術研究会（編集）の『最新天気予報の技術—気象予報士をめざす人に』（東京堂出版）もとても役立ちました。線を引き，書き込みすぎたので，2冊目を買ったほどです。この本の著者である新田先生が添削してくれた気象予報士通信講座の解答用紙は，お守りとして試験会場に持参しました（※ハレックスの通信講座は2017年12月末日をもち新規の受講者の募集を終了しています）。

② 勉強法は？

　専門学校で学んだことをその日のうちにノートにまとめて，試験に出そうな問題を自分で作成することで，理解できていないところが発見できます。試験会場には，このノートを持って行き，開始前には最後の復習をしていました。

　また，実技こそ，参考書に立ち返るようにしました。記述式であり，文章をまとめる力も必要です。過去の試験問題を解いて，間違えた箇所や出てきた言葉を参考書で再度調べて覚え直すことで記憶に定着しやくすくなります。

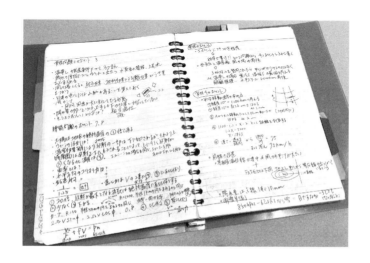

数式の理解が必要な計算でつまずく

　最初は，数式の理解が必要な「地衡風，温度風」などの計算ができませんでした。そこで，高校の数学テキストで微分積分や三角関数を学び直しました。

　計算を完全に克服することはできなかったのですが，本番の試験では，できるだけ早く，わかる問題から解答欄を埋め，再度，見直しをした後に，わからなかった問題や計算問題に時間をかけて取り組むようにしていました。

週１日だけオフを作る

　仕事のあと週１回〜２回専門学校に通い，その他の平日は仕事から帰宅後に夕食と入浴，そして23時頃から１時間ほど仮眠して，０時頃起きて２時くらいまで勉強するという，まるで受験生のような生活をしていました。土曜日または日曜日は，１日だけ勉強をしない日と決めてリフレッシュする時間を必ず作りました。

試験直前期・当日

　試験の数日前から仕事の有給休暇を取ってひたすら過去問を解き，問題や答えに出てくる言葉を参考書などで覚え直しました。

　前日はこれまで学んできたことの復習に留めました。理解不足の箇所はノートにまとめていたので，それを見返すくらいです。当日は朝から好きな音楽を聴いて気分を盛り上げました。私の場合は L'Arc~en~Ciel の「Driver's High」。眠気も緊張も吹き飛びます。

　基本的なことですが，服装は暑さにも寒さにも対応できるように，脱ぎ着ができる重ね着がおすすめです。試験は長時間なので休憩時間にリラックスできるように飴を準備していました。

合格後，気象キャスターに

　合格してすぐに，気象会社からお声がかかりました。東京で開催されたハレックスの通信教育のスクーリングに行った際に，授業が終わっても会場に残って講師の先生に質問をしていたために印象に残ったようで，対応してくださった事務の方が，合格者名簿で私を確認して連絡をくれました。安定していて恵まれた職場であった日本銀行職員の仕事を辞めることには躊躇もありましたが，自然の流れにまかせることにして導かれるように気象の道に進みました。転職をして1年経過しないうちにオーディションを受けて，念願の気象キャスターになることができ，9年間，貴重な経験をさせていただきました。

　現在は気象の仕事だけではなく女優として舞台や映画に出演したり，イベントの司会を担当したりと活動の幅を広げていますが，気象はずっと自分の中心にあります。気象と防災の講演で情報の活用の大切さをお伝えしたり，被災地の調査をしたり，また防災士養成講座の気象分野の講師や，気象キャスターを目指す方向けに原稿の作成や伝え方を教える気象解説講座の講師など，気象はライフワークとして取り組んでいます。

> 女優として舞台に出たり，イベントの司会をしたり，活動の幅が広くなっても，気象はずっと自分の中心！

勉強を続けるコツは息抜きの時間を持つことです。私は週末，土日のどちらかは全く勉強せず，映画や食事などリラックス，メリハリを大切にしていました。

専門学校でできた仲間とは，講座のあと，カフェに集まって，理解できなかった箇所などを話すことで復習もできました。

楽しく勉強することが1番です！　頑張り過ぎないで，頑張ってくださいね。

50歳代半ばに1年で合格！
講師としてセカンドキャリアを満喫

気象予報士

鈴木寛之 Hiroyuki Suzuki

昭和31年生まれ。愛知県豊橋市出身。神奈川大学
工学部工業経営学科卒業後，株式会社シーイーシー
に勤務。平成24年退職。

【受験歴】

回数	一般	専門	実技
1	○	○	×
2	免除	免除	○

子供の頃から気象好き

　半世紀以上も前のこと…7歳上の兄の影響もあって，自然と触れ合うことが好きになり，野山で蝶を追いかけまわしていた小学高学年の頃からの体験が，間違いなく，今に至るルーツです。夏休みの自由研究で模造紙に台風進路などを描いて発表したり，ラジオの気象通報を録音して何度も聞き直しながら，強い西高東低で縦縞の等圧線がびっしり並ぶ特徴的な冬の天気図を描いたりと，気象や天気の変化には，人一倍興味を持って過ごした少年時代でした。

1回目の試験で学科2科目合格！

　気象とは全く関係のないIT系の会社で勤続30余年を経過して齢50歳代も半ばに達する頃，忘れてかけていた子供の頃の気持ちが蘇ったかのように，「気象や天気のことをもっと知りたい」との想いが急に舞い降りて来ました。そこで，思い立ったが吉日と試験を受験することにしましたが，ただ「勉強したい」という気持ちだけでした。

　リタイアも現実味を帯びて見えてきた中高年のサラリーマンにとって，初歩から体系立てて勉強するには何がいいのだろうかと思い悩む中で出会ったのが，気象予報士試験対策講座の通信教育でした。「何が何でも合格しなくては！」と強迫観念もなく，楽しく勉強できました。毎日の出勤前と帰宅後の学習と通勤電車内で参考書を読み込みました。これが功を奏したか，半年間キッチリと続け，1回目の受験で，学科一般と専門に合格できました。

　この1回目の実技試験時，問題用紙には天気図などの各種資料が一緒に綴じられていて，そこから資料だけをミシン目に沿って切り離す儀式があることを初めて知りました。この「ビリビリ音」が試験会場に響き渡ったことに驚きながらも，私も焦ってやり，自分の左中指まで切ってしまいました。余裕を持って臨まないと良い結果は出ないと実感した瞬間でした。

合格したいという気持ちが強く

　学科試験に合格したことで,「勉強したい」から「合格したい」に気持ちがシフトしました。市販の参考書を読んだり模擬試験を受けたり半年頑張り, 2回目で実技に合格できました。

　要点が効率よくまとめられて携行しやすい参考書,『気象予報士かんたん合格ノート』(技術評論社) を常に手許に置き,「一日一語」的に勉強しました。

　たとえば, 朝そこから仕入れた気象用語やキーワードから詳しい内容への道筋をつけて, 夜それを発展させました。こうすることで「もっと知りたい」という意識を持ち続けることができたと思います。「好きこそものの上手なれ」で, 気象好きの下地を礎に, 一歩一歩こつこつと続けたことが合格につながりました, まさに「継続は力なり」です。

気象予報士試験に合格してから

　気象業界への就職 (転職) を希望しているわけでもなく, いわゆる就業気象予報士を目指していない私にとって,「気象予報士」という肩書が入った名刺は,「1つのステータス!」でした。団体に加入して, 名刺が作れたのは嬉しかったです。

　気象予報士の団体では, 各所で開催する防災出前講座に携わることができ, 会員の皆さんの前でのリハーサルや講座資料の査読などを経れば講座講師ができます。初回は緊張感いっぱいで, 冷や汗連続の展開でしたが, 資料作りの段階でも会場でも, 仲間の応援や手助けをいただいて, 任務を全うすることができました。この小さな自信が出発点になり, その後, 講座の数を重ねてきました。

　合わせて, 講座後のアンケートや受講の皆さんの言葉に励まされることで, 自然に活動の枠も広がる好循環に入ったようで, 今では, 防災講座に限らず, そこからつながったお天気講座や, 毎月1回, ほぼ5年続いているサークル活動なども含めて, 通算で130回を超えるまでに至りました。受講者からお褒めいただくこともあり, 胸と目頭がジーンと熱くなります。嬉しい言葉にも乗せられて続けています。

　仕事一辺倒だった人生の立ち位置も, うまく切り替えできました。人前で話

すことが得意ではなかった自分の変わり様に自分で驚きながらも，新たなステップとして，サラリーマンをリタイアした後も，地道な歩みをこつこつと進め充実した第2の人生を楽しく過ごすことができています。

初回講座の風景

ずいぶん慣れて

雲の形って同じものが
ないから 楽しいね♪

同じものは
ないぞ〜

プカ

プカ

好きこそものの上手なれ！

　大事なことは，空を見上げて・雲を眺めて・季節を肌で感じて，その上で，天気図などの資料を参考にしながら，「なぜ？」「どうして？」「なるほど！」などと心に感じることだと思います。自ら進んで取り組めば，必ず結果はついてくるはずです。

　また，試験においては，「満点は要らない」「7割できれば良い」です。あまり気張らずにハードルを下げることが，精神安定剤になると思います。

　得意な問題を確実に拾って，苦手な問題は捨ててもよいのです。理科系出身の私ですが，今から思えば，理数系の問題に時間を費やすことをせずに，その分を法律系の問題でカバーできた部分もあったと記憶しています。

　また，個人では活動し辛い資格ですが，多種多様な経験や経歴を持った個性豊かな方々ばかりです。知恵を出し合って協力し合えば，有意義で楽しい活動ができるでしょう。気象や防災啓蒙などへの斬新なアプローチをも創造できると確信しています。

　近い将来，そんな素敵な予報士活動の場で，是非ご一緒しましょう！　お会いできる日・仲間になることができる日を楽しみにしています。

　文末にはなりますが，再度，「好きこそものの上手なれ」「継続は力なり」という言葉を贈りたいと思います。気象好きになって，自分を信じて，焦らず・ゆっくり・一歩一歩こつこつと，前を向いて進み続けましょう！

一歩
一歩
こつこつと！

第 **4** 章

講師が教える
最短合格のコツ

教えてくれる人
中西秀夫 Hideo Nakanishi

気象予報士・防災士。
学生時代に始めた登山をきっかけに天気に興味を持つようになり，気象予報士になる。
現在，日本気象株式会社気象防災部に所属し，同社が運営する「お天気学園　気象予報士講座」の講師を務める。
講師歴は20年。「受講生に寄り添う授業」をモットーに講義を続けている。

01 一般・専門・実技の出題形式

　気象予報士と言えば「気象キャスター」のイメージが強く，女性のキャスターが多く活躍されているので意外かもしれませんが，受験者の男女の比率は8：2ほどで，男性予報士，受験生が多い世界です。最年少の合格者は11歳（小学6年生），最年長は74歳です（2021年3月現在）。受験者の平均年齢は40歳前後，合格者の平均は30代前半です。

試験制度の復習

　第1章～第2章でも説明しましたが，再度試験の概要を表にまとめます。学科の「一般」，「専門」，そして「実技」の3科目に合格して気象予報士合格になります。それではそれぞれの科目の詳細を見ていきましょう。

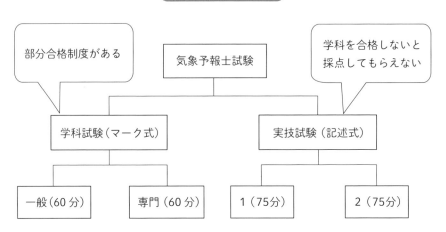

気象予報士試験の概要

※（　）内は試験時間

学科一般試験の出題形式

　5つの選択肢から正解を1つ選ぶ形式で15問出題されます。気象学の基礎的知識について11問，法令について4問出されます。合格ラインは11問以上が基準ですが，問題の難易度によって変わることがあります。

　気象学の基礎的知識は「大気の構造」，「大気の熱力学」，「降水過程」，「大気における放射」，「大気の力学」，「気象現象」，「気候の変動」の分野から出題されます。大学で学ぶようなレベルの問題も出されますが，中学校の理科や高校の地学・物理で学んだ知識があれば十分に解答できる問題も出されます。

出題例　大気の熱力学

　以下の文章の正誤の組み合わせとして正しいものを，下記の①～⑤の中から1つ選べ。

(a)　水蒸気を含む空気塊が凝結せずに断熱的に上昇すると，その空気塊は膨らむ。

(b)　水蒸気を含む空気塊が凝結せずに断熱的に上昇すると，その空気塊の温度は下がる。

(c)　水蒸気を含む空気塊が凝結せずに断熱的に上昇すると，その空気塊の相対湿度は下がる。

	(a)	(b)	(c)
①	正	正	正
②	正	正	誤
③	正	誤	正
④	誤	正	誤
⑤	誤	誤	誤

※出典：お天気学園模擬試験（日本気象株式会社）

　法令は気象業務法その他の気象業務に関する法規から出題されます。具体的には「気象業務法（施行令，施行規則）」，「水防法」，「消防法」，「災害対策基本法」の中から問題が出されます。

　気象業務に関する内容のみ出題されますので，各法令すべての条文を覚える必要はありません。

　以下の文章の正誤の組み合わせとして正しいものを，下記の①～⑤の中から
1つ選べ。

(a)　テレビで気象キャスターとして天気の解説をするためには気象予報士の資
　　　格が必要である。

(b)　気象予報士になると気象に関する警報も発表できるようになる。

(c)　気象予報士の資格は2年に1度，更新の手続きを行わなければならない。

	(a)	(b)	(c)
①	正	正	正
②	正	正	誤
③	正	誤	正
④	誤	正	誤
⑤	誤	誤	誤

※出典：お天気学園模擬試験（日本気象株式会社）

学科専門試験の出題形式

　一般と同様に5肢択一形式で15問出題されます。「観測」と「予報（防災情
報を含む)」について主に出題されます。一般と同様，合格ラインは11問以上
正解することですが，難易度によって変動します。

　観測は「観測の成果の利用」について出されます。具体的には「地上気象観
測」，「高層気象観測」，「気象衛星観測」，「気象レーダー観測」の方法について，
または観測資料から読み取ることのできる気象現象の特徴などが扱われます。

　以下の文章の正誤の組み合わせとして正しいものを，下記の①～⑤の中から
1つ選べ。

(a)　気象庁は降水量を0.1mm単位で観測している。

(b)　気象庁は降雪の深さを0.1cm単位で観測している。

(c)　気象庁は雲の量を0～10の11段階で観測している。

	(a)	(b)	(c)
①	正	正	正
②	正	正	誤
③	正	誤	正
④	誤	正	誤
⑤	誤	誤	誤

※出典：お天気学園模擬試験（日本気象株式会社）

　予報は「数値予報」,「短期予報・中期予報」,「長期予報」,「局地予報」,「短時間予報」,「気象災害」,「予想の精度の評価」,「気象の予想の応用」の分野から出されます。天気予報でよく聞く言葉の意味からコンピュータで天気予報が作られる仕組みまで幅広い知識を試されます。

出題例　天気予報で使われる用語

　以下の文章の正誤の組み合わせとして正しいものを，下記の①〜⑤の中から1つ選べ。
(a)　1時間に80 mm以上の雨を「猛烈な雨」という。
(b)　平均風速が30 m/s以上の風を「猛烈な風」という。
(c)　波の高さ（有義波高）が9 mを超える波を「猛烈な波」という。

	(a)	(b)	(c)
①	正	正	正
②	正	正	誤
③	正	誤	正
④	誤	正	誤
⑤	誤	誤	誤

※出典：お天気学園模擬試験（日本気象株式会社）

実技試験の出題形式

　実技試験は「気象概況及びその変動の把握」,「局地的な気象の予報」「台風等緊急時における対応」について出題されます。具体的には実際の予報作業で使う天気図などの資料を読み解いて,低気圧や高気圧,前線などの構造や特徴の把握をし,地形などの影響も踏まえた地域ごとの予報や防災情報を組み立てる能力が試されます。

　記述式で,前線や等圧線の解析など描画問題も含まれます。なお実技試験は2題出題されますが,実技試験1は台風,実技試験2は冬型というように扱われる季節や対象が異なります。

　問題にもよりますが,単語や数値を答える問題が全体の5～6割程度,記述問題が3割前後,描画問題が1割前後の配点になっていることが多いです。

　合格ラインは実技試験1と2の総得点の平均で70%以上とされていますが,やはり難易度によって合格ラインは変動します。

出題例

問：日本の南海上にある台風の強さと大きさを記述せよ。

問：この台風に伴って発表されている海上警報の名称を記述し，その意味を30字程度で述べよ。

問：この台風が上陸する可能性が高い地方名を以下の①〜③から選んで番号で答えよ。またその地方を選んだ理由を簡潔に記述せよ。

   ① 九州南部〜四国地方　　　② 中国〜近畿地方　　　③ 東海〜関東地方

問：この台風が予報円の中心を進んだときの，今後24時間の平均移動速度を5ノット刻みで解答せよ。

問：東北地方に見られる前線を，その種類がわかる記号を用いて解析せよ。

※出典：お天気学園模擬試験（日本気象株式会社）
　　　　図表は気象庁（一部加工）

02 気象予報士試験攻略のコツ

試験の概要で試験の合格率が5％前後と紹介しましたが，受験区分ごとの合格率は異なります。

まずは学科試験！

気象予報士試験には部分合格した受験生にその科目を免除する制度があります。そのため受験生は「すべて受験する（免除なし）」，「専門と実技を受験する（一般免除）」,「一般と実技を受験する（専門免除）」,「実技のみ受験する（学科免除）」の4つの区分に分かれます。参考までに区分ごとの合格率の推計を以下の表に示します。

第51～55回試験の合格率

全　体	すべて受験 （免除なし）	専門＋実技 （一般免除）	一般＋実技 （専門免除）	実技のみ （学科免除）
5.2%	1.1%	6.5%	4.4%	17.6%

※全体の合格率は合格者数／受験者数，区分ごとの合格率は合格者数／出願者数なので推定値

全体の合格率は約5％ですが，免除のない状態での合格率は1％程度です。一般または専門いずれかの免除がある受験生の合格率でやっと5％前後になります。一方で学科が免除された状態で受験された方の合格率は18％程度です。この傾向は毎回同じです。

つまり，まったく免除のない状態の受験生は合格率5％ではなく，1％前後の試験に臨むことになります。

合格のための戦略として「一発合格」を狙うことは現実的ではありません。まずは「一般」，次に「専門」，そして3回目に「実技」というように「ホップ，ステップ，ジャンプ！」と三段跳びで合格ラインを超えることが理想的です。

まずは学科試験の合格を目指しましょう。

学科試験の合格率

　試験を主催している（一財）気象業務支援センターは全体の合格率は公表していますが，一般や専門といった学科の合格率は明らかにしていません。

　参考までに，私が講師を務めている気象予報士のライセンススクール「お天気学園」（日本気象株式会社運営）のアンケートによると，第50〜54回試験の一般の合格率の平均が52％，専門の合格率の平均が43％という結果が出ています。主にスクールに通われている方の合格率なので実際とは異なるかと思いますが，学科試験の部分合格率は試験全体の合格率よりずっと高いです。

合格するために必要なのは「学習時間」ではなく「理解量」

　「合格するために必要な学習時間はどれくらいですか」。よくある質問のひとつです。これに答えるのはとても難しいです。教科書を読んだだけで問題をスラスラ解ける受験生なら学習時間は少なくて済みます。

　一方で教科書の内容を理解するまで時間がかかり，問題を解くことにも苦戦するようであるなら，たくさん時間が必要です。

　つまり合格のために必要なものは「時間」ではなく「理解量」です。時間と理解量は必ずしも比例しません。例えばもともと物理が得意な受験生は一般で出題される「熱力学」や「力学」の分野の学習にそれほど時間をかけなくても理解が進みますが，もともと物理が苦手だった受験生なら，ひとつひとつの言葉を理解するまで時間がかかり，なかなか理解量は増えません。

　ただ，目指すのは気象学者ではなく気象予報士です。試験に合格するだけの知識を付ければよいので，理数に苦手意識があっても，コツをつかめば理解量はどんどん増えます。

　次の表は理解の速いＡさん，理解に時間がかかるＢさん，途中までＢさんより理解が遅かったが，あるときにコツをつかんだＣさんの学習時間と理解量の関係です。合格ラインに達するまでの時間は人それぞれということがわかる

でしょう。理想はAさんですが，初めは理解するのに時間がかかってもコツさえつかめばCさんのように理解が一気に進んで比較的短い時間で合格することはできます。このコツをつかむことが合格へのポイントになるでしょう。

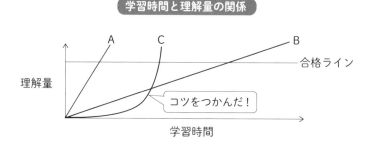

どこまで学習しないといけないのか

　合格するためには学習する「理解量」が必要であると書きましたが，どこまで学習する必要があるかは悩ましいところです。

　興味があることをどんどん調べることはよいことですし，そうして学んだことは自分の力となります。ただそうすると，なかなか「合格するための理解量」が増えず合格できない状態が続く可能性があります。

　合格を目標とするなら「ここまで」と範囲を決めたほうが効率的です。その範囲は「合格するために必要な知識」になります。参考書は一般・専門・実技を1冊ずつ，あとは過去問を繰り返すとよいでしょう。予報士試験に特化したテキストなので学習範囲が明確にわかります。ただ，そのテキストを完璧に理解しないと合格できないというわけでもありません。予報士試験の合格基準を踏まえると，出題される内容の7～8割理解していれば十分ということになります。100％を目指す必要はありません。

　以下はお天気学園で取った第55回試験の学科一般のアンケート結果です。正解率に着目してみましょう。

問題番号	出 題 分 野	正解率（%）
問 1	大気の構造（組成比，温度，圏界面）	90
問 2	大気の熱力学（断熱変化）	23
問 3	大気の熱力学と運動（断熱減率，温度風）	50
問 4	降水過程（氷晶，雪の結晶）	73
問 5	放射（太陽，短波，長波放射）	73
問 6	大気の運動（角運動量保存則）	32
問 7	大気の運動（地衡風，温度風）	63
問 8	大規模な大気の運動（熱輸送）	80
問 9	大気の運動（大気境界層）	53
問10	中層大気の特徴（突然昇温）	77
問11	気候変動（冷却化・温暖化）	77
問12	気象業務法（予報業務許可について）	70
問13	気象業務法（気象予報士について）	77
問14	気象業務法（用語の定義について）	43
問15	災害対策基本法（災害対策の基本理念について）	77

※出典：お天気学園（日本気象株式会社）

　この結果によると，問2，6，14の正解率は50%未満です。これらの問題はテキストの中で触れられていなかったり，過去に出題例がなかった問題である可能性があります。これらの問題は間違えても構いません。一方で正解率が70%以上の問題は，テキストにもしっかり記されており，過去に同じような問題が繰り返し出題されていると考えられます。ここは正解しないと合格は難しいです。ポイントは正解率が50～60%台の試験をしっかり正解できるかどうかです。ここは知識が曖昧だと間違えてしまいます。

　この回の一般の合格ラインは正解が10問以上でした。そうすると60%以上の受験生が正解する問題を落としていなければ，合格ラインを超えることになります。

実技試験も同じことが言えます。下の表は第55回試験実技試験1の大問の内容と配点です。

大問	配点	内　容
問1	31点	情報の読み取り。温度風，強風軸の特徴，前線の構造
問2	48点	温暖前線の特徴（局地的な影響）
問3	21点	温暖前線通過時の天気の特徴。情報の読み取り。

実技試験の合格ラインは1と2の総得点の平均63％以上でした。極端な話，実技試験1の問1が空白でも，問2と問3が満点なら合格ラインに達します。難解な長文記述や前線解析が1〜2題解けなくても問題ありません。

つまり正解率の低い問題まで理解する必要はないのです。

過去の試験の合格基準は公開されていますので，その基準以上の点数がコンスタントに取れていれば，満点が取れなくても学習は順調と考えるとよいでしょう。

実技で満点を
取ることは
難しい！

03 学科一般試験の攻略のコツ

それではここからそれぞれの科目ごとの攻略法を考えてみましょう。まずは一般からです。「気象学」と「法令」の対策に分かれます。

気象学の攻略法は「絵本」を読むこと

学習の基本は「覚えること」ですが，むやみに暗記してもなかなか成績は伸びません。また覚えることが多くなるほど，忘れてしまう量も増えます。

ポイントは「理解したうえで覚えること」です。なぜ，そうなるのかを理解すると，なかなか忘れません。

まったく気象学の知識がない方が学習を始めるのであれば，最初に予報士試験の参考書を読むより，たくさん図の書かれた子ども向けの本をおすすめします。私が予報士試験の学習を始めるときに最初に手にした本は小学生向けの天気の図鑑でした。一般の分野の中でも物理的要素が強い「熱力学」や「大気の運動（力学）」の分野も中学生や高校生向けに書かれた図の多い入門書を読むとよいでしょう。図の多い参考書，つまり「絵本」は理解量を増やすコツをつかむきっかけになります。

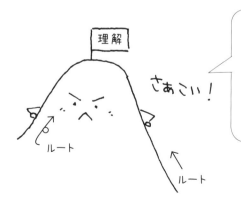

理解するためのアプローチは1つではありません。数式で理解できなければ文字で，文字で理解できなければイラストでと自分にあった方法を使うと，理解がはやく進むようになります。

「気温が下がると湿度が上がる」。この文章を暗記するだけでは成績が伸びません。

「気温が下がると湿度が上がる」仕組みをしっかりと理解すると応用問題にも対応でき成績が伸びます。理解を助けるために下記のような図で説明のあるテキストを見るとよいでしょう。

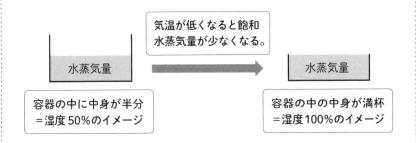

湿度は水蒸気量を飽和水蒸気量（ある気温で含むことのできる水蒸気の量）で割ったものです。そして、その飽和水蒸気量は気温が低くなると少なくなる特徴があります。飽和水蒸気量を容器の大きさ、水蒸気量を中身として表すと上の図のようになり、気温が下がると湿度が上がることがわかります。

気象学・計算問題対策は恐れる必要はない

「数学が苦手なのですが大丈夫ですか」といった学習相談を受けることがよくありますが、予報士試験を合格するためには「算数」ができれば十分です。三角関数や対数など高校数学で習うような式を必要とする問題も出されますが、仮にそれを解くことができなくても他の問題を正解すれば合格ラインに達します。だから「天気は好きだけど、文系です」でも大丈夫です。事実、文系出身の気象予報士もたくさんいらっしゃいます。

ただ計算問題を解くために必要な公式や法則は覚える必要があります。全部で20程度ありますが、それをどのように使って解答するのかは過去問の解説などを見て学ぶとよいでしょう。

また計算問題も式や文字だけ眺めても頭にイメージが浮かばなければ図を描くことをおすすめします。図がしっかり描けるようになれば，計算問題も解きやすくなるでしょう。

一般試験対策に必要な公式の例

気圧＝力／面積 　　力＝質量×加速度 　　仕事＝力×距離

運動エネルギー＝0.5×速さの2乗

理想気体の状態方程式：$P = \rho RT$ 　　静力学平衡の関係式：$\triangle P = -\rho g \triangle z$

地衡風速の計算式：$V = 1/f \cdot \triangle P / \triangle n$

発散量を求める式：$\triangle u / \triangle x + \triangle v / \triangle y$

渦度を求める式　：$\triangle v / \triangle x - \triangle u / \triangle y$ 　　等　10種類くらいあります。

一般試験対策に必要な法則の例

ステファン・ボルツマンの法則：放射強度は物体の表面温度の4乗に比例する。

放射強度と距離の関係：放射強度は放射の源からの距離の2乗に反比例する。

エネルギー保存則：エネルギーは種類が変わっても総和は変わらない。

等

計算問題の解き方の例

太陽から1.5億km離れた惑星をA，3.0億km離れた惑星をBとする。惑星A・Bともに黒体であると仮定し，ステファン・ボルツマンの法則を使って計算すると惑星Aの表面温度は250Kであった。このとき惑星Bの表面温度はいくらになるかを一位を四捨五入して10K刻みで求めよ。ただし惑星A・Bのアルベド（反射率）は等しく惑星表面と大気の温度は一様，惑星が太陽から受け取るエネルギーと惑星が放出するエネルギーは平衡だったとする。

上記のような問題を解こうとすると文字ばかりなのでイメージがわきません。この状況を下のように図にできるかがポイントになります。

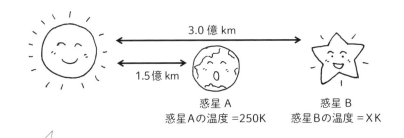

3.0 億 km

1.5億 km

惑星 A
惑星Aの温度＝250K

惑星 B
惑星Bの温度＝XK

問題文に書かれている状況を図にするとずいぶんスッキリしました。
ここから問題文に書かれている法則（ここでは放射強度と距離の関係
とステファン・ボルツマンの法則）を使って解答に取り組むことが計
算問題を解くコツになります。

法令の攻略には，背景を考えること

　まず法令の中でもどのような問題が出題されるのかを絞り込まないと効率が
悪いです。これは試験対策に特化した参考書を使いましょう。法令の学習は気
象学の対策より暗記要素が強いですが，その法律が作られた背景を考えなが
ら覚えたほうが記憶に残ります。必要だから法律が作られているわけですか
ら，「なぜ，そんな条文になっているのだろう」と考えながら学習するとよい
でしょう。また背景を探る練習をしていると，初めて出された問題でも「おそ
らくこうなのではないか」と推定ができます。

> **例　警報の発表の制限**
>
> 　**気象業務法第23条**：気象庁以外の者は，気象，津波，高潮，波浪及び洪水の
> 警報をしてはならない。

　条文を暗記してもよいですが，「ここに挙げられている警報は重大な災害が
起こるおそれがある旨を警告して行う予報だから，誰でも発表できるようにし
てしまうと受け手側が混乱して大変だな。だから気象庁以外の者は発表できな
いようにしているんだな」と背景がわかるとより理解度が深まります。

もし気象に関する警報を気象予報士も発表してよいことになったら…

このような混乱が起きてしまいます。だから気象庁以外の者は発表できないようにしているわけです。このイメージを持つことができれば忘れることはないでしょう。

04 学科専門試験の攻略のコツ

次に学科専門試験の攻略法を考えていきます。

「広く，浅く」が基本

専門は学科一般試験以上に試験対策に特化した参考書を使わないと「何をどこまで覚えればよいか」の見当がつかないので学習が難しいです。また普段は耳にすることのないような専門用語も少なからず出題されます。

専門も一般と同様に「理解しながら覚える」ほうがよいのですが，完璧に理解しようとするととても時間がかかることがあります。専門用語の説明に専門用語や難解な数式が使われていると，説明を理解するために，さらに時間がかかります。理数を苦手としている受験生ならなおさらです。学問としては探究することはとても面白いですが，予報士試験に合格することを目標とするなら，「ひとつのことにとらわれすぎて先に進めない」状況は避けたいところです。合格した後に興味があることであれば気になったことを深く学んでいくとよいでしょう。

「観測」は，過去に出題されたものを中心に覚える

「観測」は，その方法や定義を尋ねる問題と，観測された資料を使って現象を読み取ることできるかを試す問題に大別されます。後者は実技試験にも通ずる内容になっています。基本はやはり「覚える」ことです。まず何を覚えるかと言えば「過去に繰り返し出題されたもの」です。「観測」に限ったことではありませんが，試験問題は類題が繰り返し出題されることが珍しくありません。そのような項目は正解率も高くなるので，まずそこから覚えましょう。

　第46回〜第55回試験でレーダービームの屈折について3回も繰り返されて出題されているので覚える必要がある項目になります。

気象レーダーの電波の異常伝搬についての説明

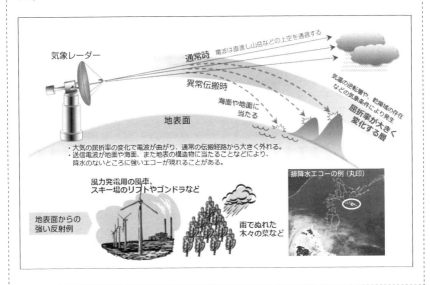

※出典：気象庁ホームページ

　非常に出題頻度の高い衛星観測の画像を使った問題。下図のように可視画像と赤外画像を使ってA，B，Cの雲の判別を尋ねるような問題が定番です。このような資料を使った問題は実技試験でも扱われます。

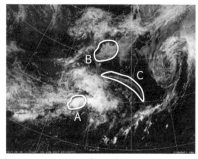

可視画像

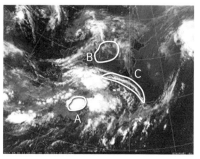

赤外画像

※出典：気象庁ホームページ（一部加工）

「予報」の攻略　専門用語の「イメージ」化

　「予報」の分野も観測と同じで，過去に出題例がある項目を中心に学習を進めていきます。ただ，ここで注意したいのは「数値予報」の分野です。現在の天気予報の根幹をなしており，試験でも複数出題される重要項目です。地球の大気をコンピュータで再現して，それを動かすわけですが，普段聞きなれない専門用語がたくさん出てきます。それをいかに具体例に置き換えて理解を深めるかがポイントになります。数式や文章で理解が進まなければ，やはり図やイラストにして理解する方法をおすすめします。具体例やイラストを使った参考書があればそれを選ぶとよいでしょう。

数値予報の分野で頻出の「パラメタリゼーション」。定義は「サブグリッドスケールの現象を近似的に評価すること」とされています。気象学というよりも，コンピュータシミュレーションに詳しい方でなければ文章だけ読んでもわかりません。

「予報」の攻略　「全国の天気」に気を配ろう

注意報や警報，天気予報で使われる用語や気象災害に関してはニュースで接することも多いので割と覚えやすいかと思います。ただ普段生活しているところでは起こらない現象は，実体験できていないので，全国の天気予報や災害にも普段から関心を持つようにしておくとよいでしょう。

真冬日の定義が第55回試験に出題されていました。北海道では冬にはお馴染みの予報用語ですが，沖縄の天気予報ではまず聞くことはありません。

南国にいても，インターネットなどで北国の天気予報を時々チェックするとよいでしょう。

気象庁のホームページのチェック

　気象庁のホームページも参考になります。このページには天気予報や防災情報，観測データのほかに情報の解説のページも設けられています。図や事例も数多く紹介されているので，参考書などで記載されていることを副読本の代わりに参照するとよいでしょう。

気象庁ホームページ　知識・解説のページ（一部省略）

　専門に出題される様々な情報の解説が掲載されています。なお，ホームページにある地震・津波，火山については気象予報士試験の対象外なので試験対策として参照する必要はないです。

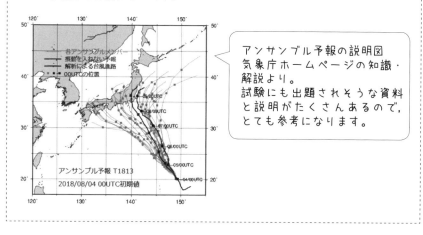

アンサンブル予報の説明図
気象庁ホームページの知識・解説より。
試験にも出題されそうな資料と説明がたくさんあるので，とても参考になります。

学習上の注意点

　専門分野は技術の革新によって，どんどん変わってきます。そのため以前は正解だったことが今では不正解になる問題があります。そのため参考書は発行年月日が新しいものを選びましょう。また過去問の解答や解説も，その当時のものです。それが今でも正解になるのか確認して学習を進めましょう。

平成29年度第1回（第48回）　問14より

(a) 台風については，5日先までの予報が発表されている。この予報には，5日
先までの各予報時刻の台風の中心位置（予報円），中心気圧，最大風速。最
大瞬間風速，暴風警戒域が含まれている。

令和2年度第2回（第55回）　問12より

(c) 台風予報では，最長で5日先までの進路予報（予報円の中心と半径，進行
方向と速度）と強度予報（中心気圧，最大風速，暴風警戒域など）が発表
される。

　この2つの文章はほとんど同じですが，平成29年度の試験では「誤り」，令
和2年度の問題では「正しい」が正解になっています。

　平成29年度の時点では強度の予報は5日先まで行っていませんでしたが，
令和2年度の時点では行うようになったので，同じ問題文でも「誤り」，「正
しい」と答えが違っているわけです。

　知識のアップデートをしていないと，このようなケースで解答を間違ってし
まいます。

05 実技試験攻略のコツ

　実技試験のポイントを１つあげるとすると「時間」です。学科試験で時間が足りなかったといった声を聞くことはほとんどありませんが，実技試験では最後まで解けませんでしたといった感想を耳にすることがよくあります。実技試験は情報をインプットし，それを理解したうえでアウトプットしなければなりません。テキパキと作業を進めないとあっという間にタイムアップです。

75分でいかに勝負するか

　「実技試験の時間をもっと長くしてほしい」とこぼす受験生もいらっしゃいますが，実際の予報現場も資料を手にしてから短時間で予報を組み立てて配信しなければなりません。「各種データを適切に処理し，科学的な予測を行う知識および能力」を認定することが気象予報士試験の目的の１つとされています。「適切に処理する」とは情報のインプットとアウトプットを短い時間内に行う能力も含まれていると考えると75分の試験時間は適当でしょう。

まずは学科の知識

　実技試験は資料を読み解く能力が試されます。英語に例えるなら「翻訳作業」になるでしょう。英語を翻訳するには単語や熟語，文法の知識が必要です。その単語や文法にあたるものが一般や専門の学科試験の知識になります。単語や文法の知識が足りないと翻訳に時間がかかり途中でタイムアップになったり，誤訳したりするでしょう。つまり学科試験の知識が合格レベルにないと実技試験も合格基準を超すような得点は取れません。実技試験がどのようなものか試しに解いてみるのはよいですが，本格的な受験対策は，学科試験の過去問で合格ライン前後の得点が取れるようになってからのほうがよいでしょう。

　実技でおなじみの資料の1つの「エマグラム」。学科試験でも出題されることがあります。この扱い方をマスターしないと試験の合格は難しいですが，「断熱変化」や「飽和混合比」といった学科一般で学ぶ単語の知識がないと，この資料を使った問題を解くことはできません。

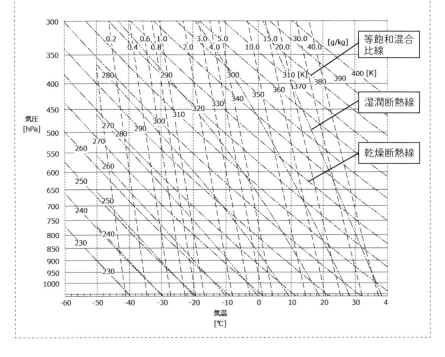

基本となる天気図に慣れておこう

　実技試験は与えられた資料を使って解答しますが，基本となる定番の天気図があります（下記参照）。そこに何が書かれているのかは知っておきたいところです。さらに，その天気図はどういうときに使うのかも把握していると，どんな種類の天気図がついているのかを見るだけで，どういう問題が出される可能性があるのかを推定することができます。短い時間で資料を読み取るために必要な力になりますので基本天気図には慣れておきましょう。これらの図は気象庁や「地球気（日本気象株式会社運営 https://n-kishou.com/ee/）」など民間の気象会社のホームページにアクセスして閲覧することができます。

基本となる天気図

アジア地上天気図

アジア500hPa・300hPa 高度・気温・風・等風速線天気図

アジア850hPa・700hPa 高度・気温・風・湿数天気図

極東850hPa 気温・風，700hPa 上昇流／500hPa 高度・渦度天気図

極東850hPa 気温・風，700hPa 上昇流／700hPa 湿数，500hPa 気温予想図

極東地上気圧・風・降水量／500hPa 高度・渦度予想図

日本850hPa 相当温位・風予想図

　上記の各図に書かれている要素はもちろんのこと，それぞれの図がどういう気象状況を読み取るときに使われるかも把握しておく必要があります。

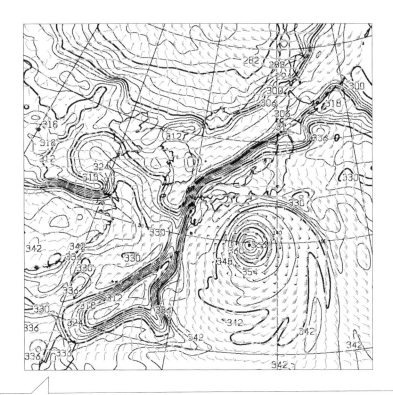

基本天気図の１つである日本850hPa相当温位・風予想図（出典は気象庁）。
この図を見たら「前線解析が出題されるかも」と気づきたいところです。
そのためには学科一般で「前線」、「相当温位」といった「単語の意味」を
理解しておく必要があります。

主役の把握

　実技試験の問題はストーリーになっています。そのストーリーの中には必
ず「主役」がいます。問題の内容はその主役の個性を反映したものになるの
で，何が主役かを最初に見抜くことができれば，出題者の意図も読みやすくな
り，解答時間の短縮につながります。

　過去の出題例を使って主役の特徴を整理しておくとよいでしょう。

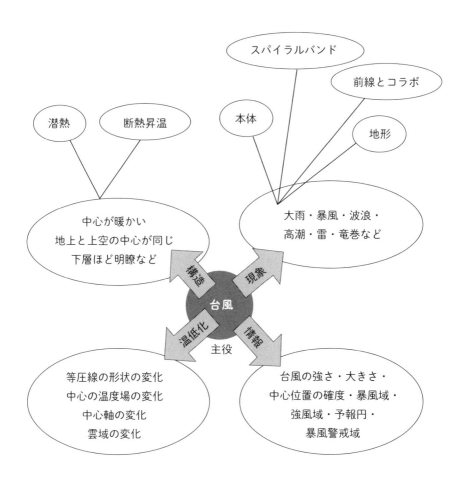

　主役の1つである台風の特徴の整理の例。ツリー形式でまとめてみるのもおすすめです。

描画のお手本

実技試験には描画問題が1～3題出されます。前線解析やトラフ解析，強風軸解析，シアライン解析，等圧線解析が代表的なものになります。中でも前線の解析は毎回のように出題されます。

正解するためには，学科一般で学んだ前線に関する知識がまず必要になります。そのうえで，過去の問題でどのようなところについて解析しているのかを研究すると，だんだん描けるようになってきます。また試験で出題されるような専門的な天気図は気象庁や民間の気象会社のホームページからも入手できるので日々練習するのもよいでしょう。

前線解析の例

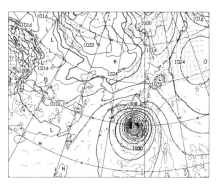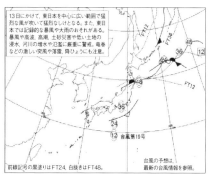

※左図は基本天気図の1つである極東地上気圧・風・降水量予想図。右図は短期予報解説資料から抜粋。
※出典：いずれも気象庁（一部加工）

先に示した850hPa相当温位・風予想図を使って，この図において前線を解析する問題はよく出されます。日々の天気図を使って前線解析の練習をするときは解説資料の「主要じょう乱解説図」に書かれている前線が解答の参考として役立ちます。

距離・速さの計算

　最近の実技試験ではすっかり定番になった距離や速さを計算する問題です。これを解答するために問題についてくるトレーシングペーパー，定規，デバイダー（またはコンパス）を使うことが多いです。

　とくに気象学の知識を必要とする作業ではありませんが，ミリ単位で読み取りが必要で，筆算での計算を強いられるなど集中力が必要です（予報士試験は計算機の持ち込みは認められていません）。

　時間がかかるので過去問などを利用して短時間で解答できるように練習することが大切です。また解答する労力に対して配点が低いこともあるので，後の問題に絡まないのであれば飛ばして次の問題に取りかかることも有効です。

計算の例　速さの計算

1枚目

24時間後

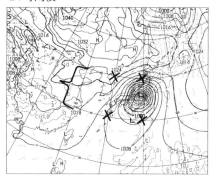

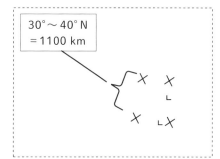

30°〜40°N
＝1100 km

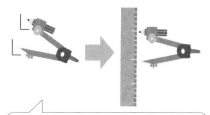

緯度間や低気圧移動距離は上図のようにデバイダーやコンパスで測ったあとに定規を当てると素早く正確に測れます。

※出典：気象庁（一部加工）

何が尋ねられているか

記述問題は以下のことについて尋ねられることが多いです。

> **特徴**…資料から読み取ることのできる気象現象の特徴
>
> **分布**…資料から読み取ることのできる気象要素の分布。特徴と似ており「分布の特徴」として尋ねられることもある
>
> **理由・根拠・要因**…現象が起こる要因や，解答したことの理由・根拠を尋ねる問題
>
> **違い**…複数ある状況を比較して，その違いを尋ねる問題

ポイントとしては，「何が尋ねられているかを把握すること」です。特徴を尋ねられているのに理由を答えてしまえば不正解になります。当たり前のことですが，模擬試験や過去問の添削をしていると尋ねられていることと答えがずれている答案が少なからず見受けられます。だからまず，問題文で何が尋ねられているかを確認する必要があります。

問：日本海側で雪，太平洋側で晴れと天気の異なる要因となる地形の<u>特徴</u>を記述せよ。

よくある答え：日本海側と太平洋側の間に山脈がある<u>から</u>。

　尋ねられているのは「特徴」ですが，「理由」を答えた文章になっています。文末の「から」を付けてしまうと不正解になってしまいます。

解答の条件を守る

　実技問題は解答するにあたっての条件が問題文中に記載されていることが多いです。「～を用いて」,「～をもとに」,「～に従って」,「実線で」,「破線で」のような文言があれば条件を示しているので要注意です。見落とした経験のある受験生は，対策として条件をカラーペンでチェックするとよいでしょう。

　次の図に80ノット以上の区間に見られる強風軸を，流れの向きを示す<u>矢印付</u><u>きの太実線</u>で解答図に記入せよ。

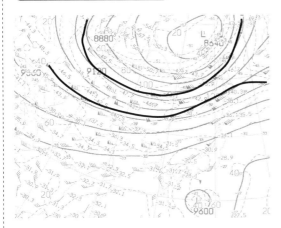

80ノット未満のところも
解析していること，また
流れの方向を示す矢印を
付けていないので不正解
になります。

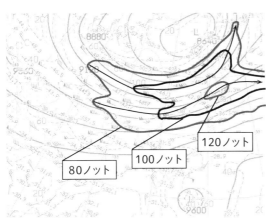

80ノット

100ノット

120ノット

解析範囲をミスしないた
めには左図のように問題
用紙の図にマーカーペン
または色付きのボールペ
ンを使って強風軸を下書
きすると良いです（ただ
し解答用紙にマーキング
することは禁じられてい
ます。解答用紙は解答以
外書いてはいけません）。

※出典：気象庁（一部加工）

記述問題の字数

　記述問題は解答するにあたっての字数も指定されています。これは目安であって，若干多くても少なくてもよいとされていますが，大幅に少なかったり多かったりすると減点対象になりかねませんので注意が必要です。例えば30字程度なら25～35字くらいで書けていればよいでしょう。

　ただ，どうしても字数が足りないときは，そのままにしておきましょう。満点はもらえませんが部分点をもらえる可能性があります。無理に意味のないことを書いて字数を埋めても得点になりませんし，不要なことを書いてしまって印象が悪くなる可能性があります。

　ちなみに数字や単位を表すアルファベットも文字数にカウントされます。たとえば「850hPa」は6文字になります。

　また「簡潔に記述せよ」といった問題もあります。こちらも文字通り簡潔に答える必要があります。具体的な文字数はありませんが，10字前後と考えるとよいでしょう。解答欄をはみ出してまで書くと，もはや「簡潔」ではありませんので不正解になるでしょう。

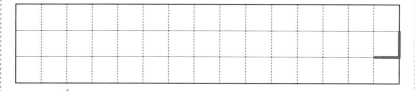

記述問題の解答用紙

30字程度で記述するように指定された解答欄

> 30字のところの罫線が太く示されているので指定されている字数がわかりやすいです。
> 解答が15字で終わってしまうと指定された字数の半分なので，何かしらキーワードが抜けていると考えられます。ただ何も思いつかない場合はそのままにしておきましょう。無駄に文章を書いても得点になりません。

簡潔に記述するように指定された解答欄の例

> 解答欄の長さを見ればどのくらいの字数が求められているのか見当がつきます。

時間配分

　学科試験で時間が足りなくなることはほとんどありませんが，実技試験は時間配分を間違えると最後まで解けないことがあります。配分を決めるには解答に取り掛かる前に問題の全体像を最初につかむことをおすすめします。

　全体像をつかむコツは以下のとおり。

① 図の枚数を確認する。資料が多ければ時間がかかる可能性があります。

② 問題の量を確認する。3ページ半なのか4ページぎっちりあるのかで心構えが変わります。

③ 解答用紙を確認する。解答用紙を見ると問題の構成を把握できます。空欄の穴埋め問題が多いのか，描画問題や記述問題はどれくらいあるのか。解答欄に距離や速さの単位があれば計算問題が出されている可能性があります。また，どこにどのような問題があるのかもチェックしたいところです。最後に配点が高そうな長文記述が待ち構えていることがわかれば，それまでの問題に時間をかけすぎてはいけないと判断することもできますし，最後が空欄の穴埋め問題であることがわかれば，時間がかかりそうな問題を飛ばして先にその問題に取り掛かる作戦も立てられます。

④ 資料を確認する。問題用紙に含まれている図表を見ることによって問題の展開を知ることができます。また，ほとんどの問題で最初の資料としてつけられている地上天気図を見ることによって問題の主役がわかります。先述したように主役によって問題の展開がだいたい決まってきます。展開がわかれば出題の意図も読みやすくなるので，解答するスピードが上がり，正解率も上がります。

攻略法が駆使できるように繰り返し練習しよう！

　学科一般，学科専門，実技試験の攻略法がわかれば，それを実戦で使えるようになるまで練習あるのみです。

　具体的には ① 基礎を学ぶ → ② 攻略法を意識して問題を解く → ③ 解説を読んで解けなかったところを把握する → ④ 解けなかった理由を分析する（知識が足りなかったのか，時間が足りなかったかなど）→ ⑤ 対策を実施する（知識が足りなければ，その部分のテキストを再読する，時間が足りなければスピードアップを図るための訓練や戦略を考える）→ ⑥ 類題を解く → ③ に戻る…このサイクルを徹底的に繰り返します。

　続けていくと合格するために必要な「理解量」が頭の中に溜まるでしょう。問題をやみくもに解くのではなく，解けなかった理由を分析し，対策をたてた上で再び問題にチャレンジすることが大切です。

インストラクターをつけることもおすすめ

　ここまで読んで，攻略法がわかったとしても，それを1人で実践するのはたいへんです。とくに気象について専門的に学んだ経験がない方が学習を始めると，「わかる」まで時間がかかる，または「自分が本当にわかっているのか自信がない」など不安になり，心が折れてしまいます。そんな人はスクールに通う，通信教育を受けるなどしてプロの講師にインストラクターになってもらうことをおすすめします。身体を正しく鍛えるためにスポーツジムでインストラクターにアドバイスをしてもらうのと同じです。予報士試験は合格率5％の難関試験です。間違った理解や勉強法を続けていると，なかなか結果が出ません。

　最近はオンライン講義も増えてきましたので，プロのインストラクターの指導を受けやすくなりました。私が講師を務めている「お天気学園」（日本気象株式会社運営）でもオンラインでのグループ講座，マンツーマン講座など開催していますので，気軽にレッスンを体験しに来てください。

【編著者紹介】

中島　俊夫 （なかじま　としお）

1978年大阪府生まれ。高校卒業後，路上で弾き語り中，突然の雨に打たれて気象予報士を目指すことに。2002年に資格取得。その後，大手気象会社で予報業務に就く。現在は気象予報士受験のかてきょ「夢☆カフェ」を立ち上げ，受講生に勉強を教える毎日。また気象予報士の劇団「お天気しるべ」を結成し，2013年に旗揚げ公演。代表的な著書に「よくわかる気象学（ナツメ社）」がある。特技はイラストと歌うこと。

中島俊夫ツイッター
https://twitter.com/kishou_nakajima
気象予報士受験のかてきょ「夢☆カフェ」ホームページ
https://yumecafe2016.wixsite.com/yumecafe2016
気象予報士の劇団「お天気しるべ」ホームページ
https://www.otenkishirube.com/

気象予報士試験サクラサク勉強法

2021年8月25日　第1版第1刷発行

編著者　中　島　俊　夫
発行者　山　本　　　継
発行所　㈱中央経済社
発売元　㈱中央経済グループ
　　　　パブリッシング

〒101-0051　東京都千代田区神田神保町1-31-2
電話　03 (3293) 3371 (編集代表)
03 (3293) 3381 (営業代表)
https://www.chuokeizai.co.jp
印刷／文唱堂印刷㈱
製本／㈲井上製本所

© 2021
Printed in Japan